中华烹饪古籍经典藏书

齐民要术

（饮食部分）

［北魏］ 贾思勰 撰

中国商业出版社

图书在版编目（CIP）数据

齐民要术：饮食部分 /（北魏）贾思勰撰 . —北京：
中国商业出版社，2021.6
　ISBN 978-7-5208-1490-4

Ⅰ . ①齐… Ⅱ . ①贾… Ⅲ . ①农学—中国—北魏
Ⅳ . ① S-092.392

中国版本图书馆 CIP 数据核字（2020）第 251459 号

责任编辑：包晓嫱　常　松

中国商业出版社出版发行
010-63180647 www.c-cbook.com
（100053 北京广安门内报国寺 1 号）
新华书店经销
唐山嘉德印刷有限公司印刷
＊
710 毫米 ×1000 毫米　16 开　20 印张　180 千字
2021 年 6 月第 1 版　2021 年 6 月第 1 次印刷
定价：85.00 元
＊＊＊＊
（如有印装质量问题可更换）

《中国烹饪古籍丛刊》出版说明

国务院一九八一年十二月十日发出的《关于恢复古籍整理出版规划小组的通知》中指出：古籍整理出版工作"对中华民族文化的继承和发扬，对青年进行传统文化教育，有极大的重要性"。根据这一精神，我们着手整理出版这部丛刊。

我国的烹饪技术，是一份至为珍贵的文化遗产。历代古籍中有大量饮食烹饪方面的著述，春秋战国以来，有名的食单、食谱、食经、食疗经方、饮食史录、饮食掌故等著述不下百种；散见于各种丛书、类书及名家诗文集的材料，更加不胜枚举。为此，发掘、整理、取其精华，运用现代科学加以总结提高，使之更好地为人民生活服务，是很有意义的。

为了方便读者阅读，我们对原书加了一些注释，并把部分文言文译成现代汉语。这些古籍难免杂有不符合现代科学的东西，但是为尽量保持其原貌原意，译注时基本上未加改动；有的地方作了必要的说明。希望读者本着"取其精华，去其糟粕"的精神用以参考。编者水平有限，错误之处，请读者随时指正，以便修订。

中国商业出版社

1982 年 3 月

出版说明

20 世纪 80 年代初，我社根据国务院《关于恢复古籍整理出版规划小组的通知》精神，组织了当时全国优秀的专家学者，整理出版了《中国烹饪古籍丛刊》。这一丛刊出版工作陆续进行了 12 年，先后整理、出版了 36 册，包括一本《中国烹饪文献提要》。这一丛刊奠定了我社中华烹饪古籍出版工作的基础，为烹饪古籍出版解决了工作思路、选题范围、内容标准等一系列根本问题。但是囿于当时条件所限，从纸张、版式、体例上都有很大的改善余地。

党的十九大明确提出："要坚定文化自信，推动社会主义文化繁荣兴盛。推动文化事业和文化产业发展。"中华烹饪文化作为中华优秀传统文化的重要组成部分必须大力加以弘扬和发展。我社作为文化的传播者，就应当坚决响应国家的号召，就应当以传播中华烹饪传统文化为己任。高举起文化自信的大旗。因此，我社经过慎重研究，准备重新系统、全面地梳理中华烹饪古籍，将已经发现的 150 余种烹饪古籍分 40 册予以出版，即《中华烹饪古籍经典藏书》。

此套书有所创新，在体例上符合各类读者阅读，除根据前版重新完善了标点、注释之外，增添了白话翻译，增加了厨界大师、名师点评，增设了"烹坛新语林"，附录各类中国烹饪文化爱好者的心得、见解。对古籍中与烹饪文化关系不十分紧密或可作为另一专业研究的内容，例如制酒、饮茶、药方等进行了调整。古籍由于年代久远，难免有一些不符合现代饮食科学的内容，但是，为最大限度地保持原貌，我们未做改动，希望读者在阅读过程中能够"取其精华、去其糟粕"，加以辨别、区分。

　　我国的烹饪技术，是一份至为珍贵的文化遗产。历代古籍中留下大量有关饮食、烹饪方面的著述，春秋战国以来，有名的食单、食谱、食经、食疗经方、饮食史录、饮食掌故等著述屡不绝书，散见于诗文之中的材料更是不胜枚举。由于编者水平所限，书中难免有错讹之处，欢迎大家批评、指正，以便我们在今后的出版工作中加以修订。

中国商业出版社

2019 年 9 月

本书简介

《齐民要术》是北魏（公元386—534年）贾思勰撰写的。他的生卒年代不详，曾做过高阳郡（在今山东境内）太守。《齐民要术》记载了当时黄河流域的农业生产和食品制造情况，是我国及世界上被完整地保存下来的最早的一部杰出的农学和食品学著作。

原书共十卷九十二篇，内容广泛丰富，"起自耕农，终于醯醢"，从农、林、牧、渔到酿造加工，直至烹调技术都做了专门介绍。

本书是从石声汉先生《齐民要术今释》本中，选出比较直接与饮食烹饪有关的部分（篇六十四至篇八十九，共二十六篇）改编而成，目的是帮助读者了解我国北魏时代饮食制造和烹调技术的成就，并供研究中国饮食史、烹饪史者参考使用。本次修订出版，对"占卜"等迷信的内容，删节了译文（用省略号表示），原文未动。在原版基础上，对目录进行了细分。

中国商业出版社

2021年3月

目 录

序①

盖神农②为耒耜，以利天下。尧命四子，敬授民时。舜命后稷③："食为政首。"禹制土田，万国作乂，殷周之盛，诗书所述，要在安民，富而教之。

《管子》曰："一农不耕，民有饥者；一女不织，民有寒者。""仓廪实，知礼节；衣食足，知荣辱。"丈人④曰："四体不勤，五谷不分，孰为夫子？"传⑤曰："人生在勤；勤则不匮。"语曰："力能胜贫，谨能胜祸"；盖言勤力可以不贫，谨身可以避祸。故李悝⑥为魏文侯⑦作尽地力之教，国以富强，秦孝公用商君⑧，急耕战之赏，倾夺邻国，而雄诸侯。

《淮南子》曰："圣人不耻身之贱也，而愧道之不行也；不忧命之长短，而忧百姓之穷。是故禹为治水，以身解

---

① 原序开头有一节："《史记》曰：'齐人无盖藏'。如淳注曰：'齐，无贵贱故。谓之齐人者；古，今言平人（即平民）也。'"如淳是三国时代的人。

② 神农：传说在远古，神农氏发明耒（lěi）耜（sì）。耒耜，古代一种像犁的翻土农具。耜用于起土。耒是耜上的弯木柄。

③ 后稷：周始祖。舜时受命主管农事。

④ 丈人：《论语·微子》："子路从而后；遇丈人（老人），以杖荷蓧（diào），子路问曰：'子见夫子乎？'丈人曰：'四体不勤，五谷不分，孰为夫子？'"

⑤ 传：《左传》。

⑥ 李悝（kuī）：战国时魏国人。

⑦ 魏文侯：战国初期魏国国君，曾任用李悝，使魏国成为强国。

⑧ 商君：商鞅。战国时卫国人。

于阳旰之河；汤由苦旱，以身祷于桑林之祭。""神农憔悴，尧瘦臞①，舜黎黑，禹胼胝②。由此观之，则圣人之忧劳百姓，亦甚矣。故自天子以下至于庶人，四肢不勤，思虑不用，而事治求赡者，未之闻也。"故田者不强，囷仓③不盈；将相不强，功烈不成。仲长子④曰："天为之时，而我不农；谷亦不可得而取之，青春至焉，时雨隆焉，始之耕田，终之簠簋⑤。惰者釜之，勤者钟之；矧⑥夫不为，而尚乎食也哉？"谯子曰："朝发而夕异宿，勤则菜盈倾筐。且苟有羽毛，不织不衣；不能茹草⑦饮水，不耕不食。安可以不自力哉？"

晁错⑧曰："圣王在上，而或不冻不饥者，非耕而食之，织而衣之；为开其资财之道也。""夫寒之于衣，不待轻暖；饥之于食，不待甘旨。饥寒至身，不顾廉耻！一日不再食，则饥；终岁不制衣，则寒。夫腹饥不得食，体寒不得衣，慈母不能保其子，君亦安得以有民？""夫珠、玉、金、银，饥不可食，寒不可衣……粟、米、布、帛一日不

① 臞（qú）：瘦。

② 胼（pián）胝（zhī）：老茧。手上、脚上因为劳动或运动被摩擦变硬了的皮肤。

③ 囷（qūn）仓：粮仓。囷是中国民间传统的储粮圆仓。

④ 仲长子：仲长统（公元180—200年），东汉末山阴面高平（今属山东）人，官尚书郎。

⑤ 簠（fǔ）簋（guǐ）：两种盛黍稷稻粱的礼器。

⑥ 矧（shěn）：况且。

⑦ 茹草：是伞形科的一种药材，即柴胡。

⑧ 晁错：（公元前200—前154年）西汉政论家。颍川（今河南禹县）人。

得而饥寒至。是故明君贵五谷而贱金玉。"刘陶①曰："民可百年无货，不可一朝有饥，故食为至急。"陈思王②曰："寒者不贪尺玉，而思短褐③；饥者不愿千金，而美一食。千金尺玉至贵，而不若一食短褐之恶者，物时有所急也。"诚哉言乎！

神农、仓颉，圣人者也；其于事也，有所不能矣。故赵过④始为牛耕，实胜耒耜之利；蔡伦立意造纸，岂方缣⑤牍⑥之烦？且耿寿昌⑦之常平仓，桑弘羊⑧之均输法，益国利民，不朽之术也。谚曰："智如禹汤，不如尝更。"是以樊迟⑨请学稼，孔子答曰："吾不如老农。"然则圣贤之智，犹有所未达；而况于凡庸者乎？

猗顿⑩，鲁穷士；闻陶朱公富，问术焉。告之曰："欲

---

① 刘陶：字子奇（？—约公元185年），东汉颍川颍阴（今河南许昌）人。灵帝时，曾任谏议大夫。

② 陈思王：曹植。陈为曹植的封地。

③ 短褐：用兽毛或粗麻布做成的短上衣。指平民的衣着。

④ 赵过：西汉人。汉武帝时任搜案都尉。曾教民耕植，并创"代司法"。

⑤ 缣（jiān）：双丝的细绢。

⑥ 牍（dú）：古代写字用的木片。

⑦ 耿寿昌：汉宣帝时任大司家中丞，封关内侯。

⑧ 桑弘羊：河南洛阳人，西汉时期政治家、理财专家、汉武帝的顾命大臣之一，官至御史大夫。

⑨ 樊迟：齐国人，孔子的学生。

⑩ 猗（yī）顿：春秋时鲁国人，他向陶朱公学致富之术，积累了很多财物。

速富。畜五牸^①。"乃畜牛羊，子息万计。九江、庐江^②，不知牛耕，每致困乏；任延^③、王景^④，乃令铸作田器，教之垦辟，岁岁开广，百姓充给。燉煌^⑤不晓作耧^⑥、犁；及种，人牛功力既费，而收谷更少。皇甫隆乃教作耧、犁，所省傭力过半，得谷加五。又燉煌俗，妇女作裙，挛缩如羊肠；用布一匹。隆又禁改之，所省复不訾^⑦。茨充为桂阳^⑧令，俗不种桑，无蚕、织、丝、麻之利，类皆以麻枲^⑨头贮衣。民惰窳^⑩，少粗履；足多剖裂血出，盛冬，皆然火燎炙。充教民益种桑，柘，养蚕，织履，复令种紵麻^⑪。数年之间，大

① 畜五牸（bó）：雌性的五畜（牛、马、猪、羊、驴）。

② 九江、庐江：秦汉置九江郡，在今安徽寿县；设置庐江郡，在今安徽庐江西南。

③ 任延：字长孙（？—公元68年），东汉南阳宛（今河南南阳）人。明帝时，曾任颖川太守和河内太守。

④ 王景：东汉水利家。山东琅邪（今山东）人。

⑤ 燉（dùn）煌：敦煌。《史记·匈奴列传》："自此之后，单于益西北，左方兵直云中，右方兵直酒泉、燉煌郡。"

⑥ 耧（lóu）：播种用的农具，前边牵引，后边人扶，可同时完成开沟和下种两项工作。

⑦ 訾（zī）：计量。

⑧ 桂阳：现在湖南南部。

⑨ 麻枲（xǐ）：指麻布之衣。

⑩ 窳（yǔ）：贬义词，有粗劣、懒惰、瘦弱等意思，一般出现在古文中。常见词组有窳败、窳惰、窳劣。

⑪ 紵（zhù）麻：苎麻。多年生草本植物，茎皮纤维洁白有光泽，是纺织工业重要原料。

赖其利，衣履温暖。今①江南②知桑蚕织履，皆充之教也。五原土宜麻枲，而俗不知织、绩；民，冬月无衣，积细草卧其中；见吏则衣草而出。崔寔③为作纺、绩、织、纴④之具以教，民得以免寒苦。安在不教乎？黄霸⑤为颍川⑥，使邮亭⑦乡官，皆畜鸡、豚，以赡鳏⑧、寡、贫、穷者；及务耕、桑，节用，殖财，种树。鳏、寡、孤、独，有死无以葬者，乡部书言，霸具为区处：某所大木，可以为棺；某亭豚子，可以祭。吏往，皆如言，龚遂⑨为渤海⑩，劝民务农桑。令口种一株榆，百本薤⑪，五十本葱，一畦韭；三亩家；二母彘⑫，五母鸡。民有带持刀剑者，使卖剑买牛，卖刀买犊。曰："何如带牛佩犊？"春夏不趣田亩，秋冬课收敛，益蓄

① 今：南北朝时代。

② 江南：南朝所占有的地方。

③ 崔寔：字子真（？—约公元170年），冀州安平（今河北安平）人，东汉农学家、文学家，官至尚书。

④ 纴（rèn）：纺织。

⑤ 黄霸：字次公（？—公元前51年），西汉淮阳阳夏（今河南太康）人，曾为御史大夫、丞相，封建成侯。

⑥ 颍川：现在的河南南部。

⑦ 邮亭：当时官道驿站的办事处。

⑧ 鳏（guān）：无妻或丧妻的男人。

⑨ 龚遂：西汉山阳南平阳（今属山东）人。黄帝时，任渤海太守，开仓借粮，奖励农桑。

⑩ 渤海：现在河北省海滨地区。

⑪ 薤（xiè）：藠（jiào）头，多年生草本植物，地下有鳞茎，鳞茎和嫩叶可食。别名薤（tì）头、小蒜、薤白头、野蒜、野韭。

⑫ 彘（zhì）：猪。

果实、菱、芡。吏民皆富实。召信臣^①为南阳^②，好为民兴利，务在富之；躬劝耕农，出入阡陌，止舍乡亭稀有安居。时行视郡中水泉，开通沟渎，起水门提阏凡数十处，以广溉灌。民得其利，蓄积有余。禁止嫁、娶、送终奢靡，务出于俭约；郡中莫不耕稼力田。吏民亲爱信臣，号曰"召父"。僮恢为不其^③令，率民养一猪，雌鸡四头，以供祭祀，买棺木。颜裴为京兆^④乃令整阡、陌，树桑、果，又课以闲月取材，使得转相告戒教匠作车。又课民无牛者，令畜猪；投贵时卖，以买牛。始者，民以为烦；一二年间，家丁车大牛，整顿丰足。王丹家累千金，好施与，周人之急。每岁时后，察其强力收多者，辄历载酒肴，从而劳之，使于田头树下，饮食勤勉之，因留其余肴而去。其惰者，独不见劳，各自耻不能致丹；其后无不力田者。聚落以至殷富。杜畿为河东^⑤，课劝耕桑民畜犊牛草马；下逮鸡豚，皆有章程，家家丰实。

此等，岂好为顿扰而轻费损哉？盖以庸人之性，率之则自力，纵之则惰窳耳。故仲长子曰："丛林之下，为仓庾之

① 召信臣：西汉九江寿春（今属江西）人。元帝时任南阳太守兴修水利。

② 南阳：现在河南和湖北接界的地带。

③ 不其：现在山东即墨附近。

④ 京兆：东汉的京兆尹，管洛阳及附近。

⑤ 河东：秦和两汉的河东，是现在的山西西南角。

坻；鱼鳖之堀^①，为耕稼之场者，此君长所用心也。是以太公封，而斥卤播嘉谷；郑白成，而关中无饥年。盖食鱼鳖，而薮泽^②之形可见；观草木，而肥墝^③之势可知。"又曰："稼穑^④不修，桑、果不茂，畜产不肥，鞭之可也。杝^⑤落不完，垣、墙不牢，扫除不净，笞^⑥之可也。"此督课之方也。且天子亲耕，皇后亲蚕，况夫田父，而怀窳惰乎？

李衡于武陵龙阳^⑦汜洲^⑧上作宅，种甘橘千树。临卒，勅儿曰："吾州里有千头木奴，不责汝衣食；岁上一匹绢，亦可足用矣。"吴末，甘橘成，岁得绢数千匹；恒称太史公，所谓"江陵千树橘……与千户侯等"者也。樊重欲作器物，先种梓漆^⑨；时人嗤^⑩之。然积以岁月，皆得其用；向之笑者，咸求假焉。此种植之不可已也。谚曰："一年之计，莫如树谷；十年之计，莫如树木……"此之谓也。

《尚书》曰："稼穑之艰难。"《孝经》曰："用天之

---

① 堀（kū）：古同"窟"，洞穴。

② 薮（sǒu）泽：生长着很多草的湖泽。

③ 墝（qiāo）：坚硬、不肥沃的地。

④ 稼穑（sè）：农事的总称。春耕为稼，秋收为穑，即播种与收获，泛指农业劳动。

⑤ 杝（lí）：此处同"篱"，即篱笆。

⑥ 笞（chī）：用鞭杖或竹板打。

⑦ 龙阳：现在湖南的汉寿。

⑧ 汜（fàn）洲：指湖中大片的淤积洲。汜，同"泛"。

⑨ 梓（zǐ）漆：梓树与漆树。古代以为制琴瑟之材。

⑩ 嗤（chī）：讥笑。

道，因地之利。"《论语》曰："百姓不足，君孰与足？"汉文帝曰："朕为天下守财矣；安敢妄用哉？"孔子曰："居家理故，治可移于官。"然则家犹国，国犹家：是以家贫思良妻，国乱则思良相，其义一也。

夫财货之生，既艰难矣，用之又无节；凡人之性，好懒惰矣，率之又不笃①；加以政令失所，水旱为灾，一谷不登，胔②腐相继。古今同患，所不能止也，嗟乎！且饥者有过甚之愿，渴者有兼量之情。既饱而后轻食，既暖而后轻衣。或由年谷丰穰③，而忽于蓄积；或由布帛优赡，而轻于施与；穷窘之来，所由有渐。故《管子》曰："桀有天下而用不足，汤有七十二里而用有余。天非独为汤雨菽粟④也。"盖言用之以节。仲长子曰："鲍鱼之肆，不自以气为臭；四夷之人，不自以食为异；生习使之然也。居积习之中，见生然之事，夫孰自知非者也？"斯何异蓼⑤中之虫，而不知蓝之甘乎？

今采捃⑥经传，爰及歌谣，询之老成，验之行事。起自耕农，终于醯⑦醢，资生之业，靡不毕书，号曰："《齐民

---

① 笃（dǔ）：忠实，一心一意。

② 胔（zì）：带有腐肉的尸骨；也指整个尸体。

③ 穰（láng）：指害禾苗的杂草。

④ 菽（shū）粟：豆和小米，泛指粮食。

⑤ 蓼（liǎo）：一年生草本植物，叶披针形，花小，白色或浅红色，果实卵形、扁平，生长在水边或水中。茎叶味辛辣，可用以调味。全草入药。亦称"水蓼"。

⑥ 采捃（jùn）：收集之意。

⑦ 醯（xī）醢（hǎi）：醋和酱。醯，醋。醢，酱。

要术》。"凡九十二篇。分为十卷。卷首，皆有目录；于文虽烦，寻览差易。其有五谷果蓏①，非中国②所殖者，存其名月而已；种莳之法，盖无闻焉。舍本逐末，贤哲所非；日富岁贫，饥寒之渐。故商贾之事，阙而不录。花木之流，可以悦目，徒有春花，而无秋实，匹诸浮伪，盖不足存。鄙意晓示家童，未敢闻之有识；故丁宁周至，言提其耳，每事指斥，不尚浮辞。览者无或嗤焉。

【译】大概是神农制作了耒耜，让大家利用。尧命令四位大臣，谨慎地将耕种季节，宣告给群众知道。舜给后稷的命令，是将粮食问题作为政治措施的第一件大事。禹制定了土地和田亩制度，所有地方都上轨道了。此后殷代和周代兴隆昌盛的时期，据《诗经》《尚书》的记载，主要的也只是使老百姓和平安定，衣食丰足，然后教育他们。

《管子》说："如有一个农夫不耕种，可以引起某些人的饥饿；若有一个女人不纺织，可以引起某些人的寒冻。""粮仓充实，就知道讲究礼节；衣食满足，才能分辨光荣与耻辱。"丈人说："不劳动四肢，不认识五谷的，算什么老夫子？"古书说："人生要勤于劳动，勤于劳动就不至于穷乏。"古话说："劳动可以克服贫穷，谨慎可以克服祸患"——也就是说，勤于劳动可以不穷，谨于立身可以免

---

① 果蓏（luǒ）：草本植物的果实。

② 中国：黄河流域，即北朝统治范围。

祸。所以李悝帮助魏文侯，教大众尽量利用土地的生产能力，就使魏国达到富强的地步；秦孝公任用商鞅，极力奖励耕种和战斗，结果便招来并争得了邻国的人民，成了诸侯中的霸主。

《淮南子》说："圣人，不以自己的地位名誉不高而可耻，却因为大道理不能实行而感觉惭愧；不为自己生命的长短耽心事，只忧虑大众的贫穷。因此，禹为了整治洪水，在阳盱河祷告求神时，曾发誓把生命献出来；汤因为旱灾，在桑林边上求雨，也把自己的身体当作祭品。""神农的面色枯焦萎缩，尧身体瘦弱，舜皮肤黄黑，禹手脚长着厚茧皮。这样看来，圣人为着百姓担忧出力，也就到了顶了。所以皇帝也好，老百姓也好，凡不从事体力劳动，又不开动脑筋，居然能把事情办好，能满足生活需求，是从未听闻有过的。"所以，耕田的人不努力，粮仓就不会填满；指挥作战的人与总理政事的人不努力，就不会做出成绩。仲长统说："大自然准备了时令，我不去努力从事农业活动，也不能取得五谷。春天到了，下过适时的雨，开始耕种，最后能盛在碗里。懒惰的，只收上六斗多些；勤劳的，收到六十多斗。况且要是不劳动，还能有得吃么？"谯子说："早晨一起出发去拾野菜，晚上在不同的时候回来休息，勤快的，才可以寻到满筐的菜。没长有羽毛，不织布，便没有衣穿；不能单吃草喝水，不耕种便没有粮食吃。自己怎么可以不努力？"

晁错说："圣明的人做帝王，老百姓就不会冻死饿死。并不是帝王能耕出粮食来给他们吃，织出衣服来给他们穿，只是替他们开辟利用物力的道路而已。""受冻的人，所需要的并不是轻暖的衣服；饥饿的人，所需要的并不是味道甘美的食物。冻着饿着时，就顾不得廉耻。一天不吃东西，便会挨饿；整年不做衣服，就会受冻。肚子饿着没有吃的，身体冻着没有穿的，慈爱的父母不能保全子女，君王又怎能保证群众不离开他？""珍珠、玉石、金、银，饿时不能当饭吃，冻时不能当衣穿……小米、大米、粗布、细布……一天得不到，便会遭受饥饿与寒冻。所以贤明的帝王，把五谷看得重，金玉看得贱。"刘陶说："群众可以整百年没有货币，但不可以有一天的饥饿，所以粮食是最急需的。"曹植说："受冻的人，不希望得到径尺宝玉，而更想得到一件粗布短衣；饥饿的人，不希望得到千斤黄金，而更为一顿饭感到美满。千斤黄金和径尺的宝玉，都是很贵重的，倒反不如粗布短衣或一顿饭，事物需要的紧急与否是有时间性的。"这些话，都非常真实。

像神农、仓颉这样的圣人，仍有某些事是做不到的。所以赵过开始役使牛来耕田，就比神农的耒耜有用得多；蔡伦创始了造纸的观念，和使用密绢与木片的麻烦相比，也就差得远了。像耿寿昌所倡设的常平仓，桑弘羊所创立的均输法，都是有益于国家，有利于人民大众的不朽的方法。俗话说："哪怕你像禹和汤一样聪明，还是不如亲身经历过。"因此，樊迟向孔子请求学习耕田的时候，孔子便回答说："我知道的不如老农。"这就是说，圣人贤人的智慧，也还有尚未通达的地方，至于一般人，更不必说了。

鲁国有一个贫穷的士人猗顿，听说陶朱公很富有，便去向陶朱公请教致富的方法。陶朱公说："要想快速致富，应当养五种母畜。"猗顿听了，回去畜养牛羊，就繁殖得到了数以万计的牲口。九江和庐江不知道用牛力耕田；因此困苦贫穷。九江太守任延和庐江太守王景，命令群众铸出耕田的农具，教会他们垦荒开地，年年扩大耕种面积，老百姓的生活，便得到满足与富裕。敦煌地方的人们不知道制造犁和耧之类的工具，种地时，人工牛工都很费，而收获的粮食却又少。皇甫隆教给大家制作犁耧，省出一半以上的雇工费用，所得的粮食，却增加了五成。敦煌的风俗，女人穿的裙，像羊肠一样，孪缩着做许多臂褶，一条裙用去成匹的布；皇甫隆又禁止她们这样做，让她们改良，也省出了不少的物资。茨充做桂阳县县令时，桂阳风俗是不种桑树，得不到养蚕、织缣绢、织麻布等的好处；冬天就用麻织的衣服御寒，百姓们懒惰、马虎，连很糙的鞋也不多，脚冻裂出血。深冬，只可烧燃明火来烘炙（取暖）。茨充就教大家加科桑树、柘树、养蚕、织麻鞋，又命令大家种纻麻。过了几年，大家都得到了好处，有衣有鞋，穿得暖暖的。直到现在，江南的种桑、养蚕、织鞋，都是茨充教的。五原的土地，宜于种麻，但是当地的人不知道绩麻织布；百姓冬天没有衣穿，只蓄积一些细草，睡在草里面，政府官员到了，就把草缠在身上出来见官。崔寔因此制作了绩麻、纺线、织布、缝纫的工具，来教给大家用，群众就免除了受冻的苦处。怎么可以不教育大众呢？黄霸做颍川太守时，使邮亭和乡官，都养上鸡和猪，来帮助老年的鳏、寡、贫、穷的人；并且要努力耕田、种桑，节约费用，累积财富，种植树木。鳏、寡、孤、独，死后无人料理埋葬的，只要乡部用书面报告，黄霸就全给计划办理：某处有可以作棺材的木料；某亭有可以作祭奠用的小猪。承办人员依照指示去办，事情都可得到解决。龚遂做渤海太守，奖励群众努力耕田养蚕。下命令，叫每人种一棵榆树、一百棵薤头、五十棵葱、一畦韭菜；每家养两只大母猪、五只母鸡。群众有拿着或在衣带中披着刀、剑之类的，就叫他们把剑卖了去买牛，把刀卖了去买小牛。他说："为什么把牛披在衣带里，把小牛拿在手上呢？"春天、夏天，必须要去田里劳动，秋天、冬天，评比收获积蓄的成绩，让大家多多收集各种可做粮食用的果实和菱角、芡实等等。地方官吏和百姓都富足，有生活资源。召信臣做南阳太守时，爱替百姓举办有利的事业，总要使大家富足。他亲自下乡去奖励大家耕种，在农村里来往；常在隔乡部邮亭很远的地点住，少有安适的住处。他随时在郡中各处巡行，考察水道和泉源，开辟大小灌溉渠道，起造了几十处拦水门和活动水闸，推广灌溉。群众得到灌溉的帮助，大家都有剩余积蓄。他又禁止办红白喜事时的浪费铺张，努力俭省节约，成郡的人都尽力耕种。在职官员和百姓，都亲近爱戴召信蕬，称他为"召父"。僮种做不其县县令，倡导群众每家养一只猪、四只母鸡，平时供祭祀用，去世后用作买棺木的价钱。颜裴作京兆尹时，命令大家整理田地，种植桑树和果树；又订出办法，让大家在农闲的月份伐木取材，相互学习做大车的技术。又安排下来，让没有牛的百姓养猪，等猪价贵时卖出，用来买牛。最初，大家都嫌麻烦；但过了一两年，每家百姓都有了好车和大牛，整顿丰足。王丹家里有千斤黄金的积蓄，喜欢施舍别人，救人家的急需。每年农家收获后，王丹从察访中知道谁努力而庄稼收获多的，就在车上带着酒菜，向他致意慰问，在田地旁边树荫下，请他喝酒吃菜，予以奖励表扬，并且把所余的菜留下。懒惰的，便得不到慰劳。因此，人们觉得没有能让王丹来慰劳自己是可耻的；以后没有不尽力耕种的。整个村落都繁荣富足了。杜畿做河东太守时，安排教百姓养母牛和母马、鸡和猪，都有一定的计划数量，家家都丰衣足食。

这些人，真是欢喜做些麻烦扰乱的事，而看轻了人力物力的耗费吗？他们都认为一般人的性情，是有领导、有组织，便会各自努力，让他们放任自流，便会懒惰马虎。所以仲长统说："丛林底下，是粮仓谷囤的堆积处；鱼鳖的洞穴，是耕种庄稼的好地方，这都是领袖人物该用心的事。因此太公把土地分封后，在盐地上种上了好庄稼，郑国渠和白渠修成后，关中就没有遭饥荒的年岁。这就是说，吃着鱼鳖时，你可以想到供给水源的洼地和沼泽地的形势，看看野生的草木，可以辨别土地的肥瘦。"又说："庄稼不耕种，桑树果园不茂盛，牲口不肥，可以用鞭打责罚；篱笆不完整，围墙屋壁不坚固，地面没有扫干净，可以用竹杖打，作为责罚。"这就是监督检查的方法。况且皇帝还要亲耕，皇后也要亲自养蚕，一般种田的老汉，可以随便懒惰马虎吗？

李衡在武陵郡龙阳的大沙洲上，盖了住房，种上一千棵柑橘。临死，命令他的儿子说："我家乡住宅，有一千个'木奴'，不向你要穿的吃的，每年只要纳一匹绢的租税，其余净收入都是你的，足够你花的了。"到吴国末年，柑橘长成之后，每年可以收几千匹绢；这就是寻常引用的，太史公在《史记》里说的："江陵有千树橘……与有一千户人口纳租给他用的侯爵相等"的意义。樊重想制作家庭日用器皿，便先种上梓树和漆树；当时的人都嘲笑他。可是，过了几年，这些树都可用上；从前嘲笑他的人，倒要向他借用了。这就是说，种树是不可少的事情。俗话说："做一年的打算，最好是种粮食；做十年的打算，最好是种树木……"正是这个道理。

《尚书》说："……庄稼是艰难中得来的。"《孝经》说："利用天然的道理，凭借土地的生产力，保重自己的身体，节省日常费用，拿来养父母。"《论语》说："百姓不够用，君主怎可以足够用呢？"汉文帝说："我替天下老百姓看守着公众的财富，怎么可以乱消费呢？"孔子说："管理好家庭财产，所得到的办法就可以借用来管理公共事业。"这样，家庭的经济和国家的经济，在原理上只是同样的事；所以家里贫穷，就希望有一位勤俭持家的主妇，国家乱的时候，就希望有一位忠公体国的宰相，道理也是相同的。

财富和生活物资的得来，是艰难的，还不节俭地应用；人的性情，是欢喜安逸不劳动的，还不坚持领导组织；加之政策号令不合宜，或者水灾旱灾，只要有一种粮食的收成不好，便会不断地有饿死的人。古代和现在都有这样的困难，不能防止，真令人叹息！饿着的人，总想吃许多食物；渴着的人，总想喝下够两个人用的水量。饱了，才会看轻食物；温暖了，才会看轻衣服。或者因为当年收成好，忘记了蓄积粮食；或者因为布匹供给充足，随便轻易赠送给人家；贫穷的到来，都是逐渐发展的。《管子》里说："桀有着整个'天下'，还不够用；汤只有七十二里的地方，却用不完。天并没有为汤落下粮食呀！"就是说使用要有节制。仲长统说："卖腌鱼的店，不觉得自己店里气味是臭的；外族的人，不觉得自己的食物有什么不同；这都是从小习惯的结果。在长久习惯的环境中，看着从小以来一向如此的事，谁能知道里面还会有错误呢？"正像从小吃辣蓼长大的虫，就不知道还有不辣的蓝也是可以吃的。

我现在从古今书籍中收集了大量材料，又收集了许多口头传说，问了老成有经验的人，再在实践中体验过。从耕种操作起，到制造醋与酱等为止，凡一切与供给农家生产资料有关的办法，没有不完全写上的。这部书称为《齐民要术》（即一般群众生活中的重要方法）。全书一共九十二篇，分作十卷。每卷前面，都有目录；所以文章虽然烦琐些，找寻材料时，倒比较容易。还有些谷物，木本、草本植物果实，不是本可以繁殖的，也把名目留了下来；栽培的方法，却没有听到过。丢掉生产的根本大计，去追逐琐屑的利钱，不是贤明的人肯做的事，由一天的暴利富足起来补终年的贫困，正是饥寒的起源。因此，经营商业的事，没有记录在本书。花儿草儿，看上去很美观；但是只在春天开花，秋天没有可以利用的果实，正像浮华虚伪的东西，没有存留的价值。我写这部书的原意，是给家里从事生产的少年人看的，不敢让有学识的人见到；所以文字只求反复周到，每句话都是很恳切的，每件事都是直接了当地说明，没有装饰词句。后来的读者，希望不要见笑。

造神曲并酒等

三斛麦曲

作三斛麦曲法：蒸、炒、生，各一斛①。炒麦，黄，莫令焦。生麦，择治甚令精好。种各别磨，磨欲细。磨讫，合和②之。七月，取中寅③日，使童子著青衣，日未出时，面向杀地④，汲水二十斛。勿令人泼水！水长⑤，亦可写却⑥，莫令人用。

其和曲之时，面向杀地和之，令使绝强⑦。

团曲之人，皆是童子小儿；亦面向杀地。有污秽者不使；不得令人室近。

团曲当日⑧使讫，不得隔宿。

屋用草屋，勿使瓦屋；地须净扫，不得秽恶，勿令湿。

画地为阡陌⑨，周成四巷。作曲人，各置巷中。

假置"曲王"王者五人。曲饼随阡陌，比肩相布。

---

① 斛：量器名。小斗为一斛，南宋以后改为五斗为一斛。

② 和：混和。

③ 寅：旧时时间计量单位，约为现在的三五点钟。

④ 面向杀地：一种迷信的说法。

⑤ 水长：水太多。

⑥ 写却：泻却，倒掉。

⑦ 绝强：极硬。

⑧ 当日：本日。

⑨ 阡（qiān）陌：田间小路。

布讫，使主人家一人为"主"——莫令奴客为主！——与王酒脯。之法：湿曲王手中为椀^①，中盛酒脯汤饼。主人三遍读文，各再拜。

其房欲得板户，密泥涂之，勿令风入。

至七日，开。当处^②翻之，还令泥户。

至二七日，聚曲，还令涂户，莫使风入。

至三七日，出之。盛著瓮中，涂头^③。

至四七日，穿孔绳贯，日中曝，欲得使干，然后内之。

其曲饼：手团，二寸半，厚九分。

祝曲文：

东方青帝土公，青帝威神；

南方赤帝土公，严竣帝威神；

西方白帝土公，白帝威神；

北方黑帝土公，黑帝威神；

中央黄帝土公，黄帝威神：

——某年月，某日，辰朝日，敬启五方五土之神：

主人某甲，谨以七月上辰^④：

造作麦曲，数千百饼；

阡陌纵横，以辨疆界，

① 椀（wǎn）：同"碗"。

② 当处：在原来的处所。

③ 涂头：是在头上涂上稀泥，加强封闭效果。头，是坛口上盖的东西。

④ 上辰：好日子。

须建立五王，各布封境。

酒脯之荐，以相祈请，

愿垂神力，勤鉴所愿。

使虫类绝踪，穴虫潜影；

衣色①锦布，或蔚或炳。

杀热火燌②，以烈以猛；

芳越薰椒，味超和鼎。

饮利君子，既醉既逞；

惠彼小人，亦恭亦静。

敬告再三，格言斯整；

神之听之，福应自冥③。

人愿无违，希从毕永。

急急如律令！

祝三遍。各再拜。

【译】做三斛麦曲的方法：蒸熟的、炒熟的、生的麦各一斛。炒的只要黄，不要焦。生的，拣选洗净，务必要极精细极洁净；三种麦，分别磨，要磨得很细。磨好，再合拢起来，混和均匀。七月，拣第二个寅日，令小童穿着青色的衣服，于太阳没有升起时，汲取二十斛水。不要让人泼水，水

① 衣色：衣，是霉类的菌丝体和孢子混合物；曲菌常产生某些色素，所以"衣"便有"色"，而且可以布置得像"锦"。

② 燌（fén）：古同"焚"，烧。

③ 自冥：从暗中来。

太多倒掉即可。不要让人用了。

用水和上麦粉作曲，和成后要极硬。

作曲团的，都是小孩们，不要用有污秽的小孩，曲室也不要靠近有人居住的房屋。

团曲，当天就要完工，不要留下隔夜再来做。

做曲室的房屋要用草顶的，不要用瓦房；地面要扫净，不要脏，也不要弄潮湿。

把地面分出大小道路来，四面留下四条巷道。做曲的人，都立在巷道里。

……

曲室要有一扇单扇的木板门，做好曲后用泥把门封闭，不让风进去。

满了七天，开门。将地上的曲饼，就它们原来所在的地方翻转过来，再用泥把门封闭。

到第二个七天满了，把曲饼堆聚起来，又用泥将门封闭，不让风进去。

到第三个七天满后，将曲饼取出来，盛在瓮里，用泥将瓮口涂满密封。

到第四个七天，将曲饼取出来，穿孔，用绳子串着，在太阳里晒，要等干后，才收拾起来。

这里的曲饼，用手团，每个两寸半大，九分厚。

……

造酒

造酒法：全饼曲，晒经五日许。日三过以炊帚[1]刷治之，绝令使净，——若遇好日，可三日晒。

然后细剉，布帊[2]，盛高屋厨上，晒经一日，莫使风土秽污。乃平量曲一斗，臼中捣令碎。若浸曲，一斗，与五升水。

浸曲三日，如鱼眼汤沸[3]，酘[4]米。

其米，绝令精细，淘米可二十遍。酒饭，人狗不令噉[5]。

淘米，及炊釜中水，为酒之具有所洗浣者，悉用河水佳也。

【译】造酒的方法：把整饼的曲，晒上五天左右。每天用炊帚刷三遍，总之要把曲饼弄得极干净。如果遇见好太阳，晒三天也就足够了。

现在，把晒干刷净的曲饼，用刀斫碎，用布盖着，放在有高顶棚的架子上，再晒一天，注意不要让风或泥土玷污。平平地量出一斗碎曲，在臼中再捣细碎些。如果浸一斗曲，就放五升水。

---

① 帚（zhǒu）：同"帚"。

② 帊（pà）：用布盖着，作为荐底。

③ 鱼眼汤沸：水因热而放出气泡，温度越高，气泡越大，最初像蟹眼大小，慢慢便像鱼眼大小，曲在水中泡涨后，引起酒精发酵，也会生出一连串的气泡；气泡大的，可以像鱼眼一样。

④ 酘（dòu）：将煮热或蒸熟的饭粒，投入曲液中，作为发酵材料，称为酘。

⑤ 噉（dàn）：同"啖"。

曲浸了三天，生出像鱼眼般大小的气泡时，就酘米。

米，先要收拾得极精极细致。淘二十遍左右。……

淘米的水，炊饭的水，以及洗涤做酒用具的水，都以用，但以河水为最好。

秫① 黍米酒

若作秫黍米酒：一斗曲，杀②米二石一斗。第一酘，米三斗。停一宿，酘米五斗。又停再宿，酘米一石；又停三宿，酘米三斗。

其酒饭，欲得弱炊③，炊如食饭法。舒使极冷，然后纳之。

若作糯米酒，一斗曲，杀米一石八斗。唯三过酘米毕。

其炊饭法，直下馈④，不须报蒸⑤。

其下馈法：出馈瓮中，取釜下沸汤浇之，仅没饭便目。

【译】如果用秫或黍来酿酒，一斗曲可以消化两石一斗米。第一次，酘三斗米。过一夜，酘五斗米。再过两夜，酘一石米。再过三夜，酘最后的三斗米。

酿酒的饭，要炊到很软，炊好摊开，到冷透，然后再下酿瓮去。

---

① 秫（shú）：黏高粱，可以做烧酒，有的地区泛指高粱。

② 杀：消耗；消化；溶去。

③ 弱炊：炊到很软。弱，软。

④ 馈（fēn）：将米蒸或在水中煮沸到半熟的饭。四川、湖南都用这样的办法，都是用水煮到半熟，用箅捞出。

⑤ 报蒸：回过去再蒸，也就是馏。报，回过去。

如果用糯米来酿酒，一斗曲可以消化一石八斗米。米分三次下完。

炊饭的方法：直接将半熟的"馈饭"下到坛里去"下馈"，不须要再蒸。

下馈的方法：将馈饭倒在坛子里，将炊馈锅里的沸水浇下去，把饭淹没就行了。

神曲

又：造神曲法：其麦，蒸、炒、生三种齐等，与前同。但无复阡陌、酒、脯、汤饼，祭曲王，及童子手团之事矣。

预前事麦三种，合和，细磨之。

七月上寅日作曲。溲①、欲刚，捣、欲粉细、作熟，饼用圆铁范，令径五寸，厚一寸五分。于平板上，令壮士熟踏之。以杙②刺作孔。

净扫东向开户屋，布曲饼于地，闭塞窗户，密泥缝隙，勿令通风。满七日，翻之。二七日，聚之。皆还密泥。三七日，出外，日中曝令燥，曲成矣。

任意举阁，亦不用瓮盛。瓮盛者，则曲乌肠③（"乌肠"者，绕孔黑烂）。

若欲多作者，任人耳；但须三麦齐等，不以三石为限。

---

① 溲（sōu）：向固体颗粒中加水调和。

② 杙（yì）：戳；刺。

③ 乌肠：在中央穿的孔周围变黑发烂。

此曲一斗，杀米三石；笨曲①一斗，杀米六斗。省费悬绝如此。用七月七日焦麦曲及春酒曲，皆笨曲法。

【译】另一种造神曲的方法：所用的麦，蒸熟，炒黄和生的三种分量，彼此相等，和上面所说的方法一样。……

老早就将三种麦准备好，混和，磨细。

七月第一个寅日，动手做曲。和粉要干些硬些；捣粉时，要使粉细密，做得很熟；曲饼用圆形的铁模压出。每饼直径五寸，一寸五分厚。搁在平板上，让有力气的男人，用脚踩坚实。用棒在中心戳一个孔。

准备一间向东开单扇门的房屋，将地上扫干净，把曲饼铺在地面上，把窗塞好，门关上，用稀泥将缝涂密，不让透风。曲饼放满了七天，开开门翻转一遍。第二个七天，堆聚起来，每次开门后，仍旧要用稀泥将门窗缝封密。第三个七天后，取出来，经太阳晒干，曲便做成了。

……

如果想多做一些，也可随人的意思；只要三种麦分量相等就行，并不限定就是整三石。

这种曲，一斗就能消化三石米，普通的大曲，一斗只能消化六斗米。节省与耗费的对比，是这样的分明。七月初七做的焦麦曲和春酒曲，都是普通的大曲。

---

① 笨曲：现在通用的"大曲"。

神曲黍米酒

造神曲黍米酒方：细剉曲，燥曝之。曲一斗，水九斗，米三石。须多作者，率以此加之。其瓮大小任人耳。

桑欲落时[1]作，可得周年停。

初下，用米一石；次酘，五斗；又四斗，又三斗。以渐[2]，待米消即酘，无令势不相及。

味足沸定为熟。气味虽正，沸未息者，曲势未尽，宜更酘之，不酘则酒味苦薄矣。得所者，酒味轻香，实胜凡曲。

初酿此酒者，率多伤薄；何者？犹以凡曲之意忖度[3]之。盖用米既少，曲势未尽故也，所以伤薄耳。

不得令鸡狗见。

所以专取桑落时作者，黍必令极冷也。

【译】用神曲酿造黍米酒的方法：把曲饼剁细，晒干。每一斗曲，要用九斗水，可以消化三石米。想多做的，可以照这个比例增加材料。酒坛大小可随意。

桑树快要落叶时酿酒，可以留一整年。

第一次下酘，用一石米的饭；第二次，用五斗；接着，用四斗，用三斗，以后看米消化完了，就下酘；不要让所下的酘赶不上曲的消化力。

酒味够浓，不再翻气泡了，酒就已经成熟。虽然酒气

---

① 桑欲落时：桑树快要落叶时。

② 以渐：以后；渐渐。

③ 忖（cǔn）度（duó）：揣度；思量。

酒味很好，但还在冒气泡，就是曲势还没有尽，还应当再下酸。不下酸，酒味就嫌淡了。合适的，酒味轻爽而香，比一般曲确实好得多。

第一次用神曲酿黍米酒的，一般多半坏在太淡；为什么呢？就是还在当作一般的曲看待。这样，用米就会太少，曲的力量没有发挥完毕，所以酒淡了。

……

所以要专门拣桑树落叶时做酒，是因为要令酿造中的黍饭保持在很冷的状态。

又神曲法

又神曲法：以七月上寅日造，不得令鸡狗见及食。

看麦多少，分为三分：蒸炒二分正等；其生者一分，一石上加一斗半。各细磨，和之。溲时微令刚，足手熟揉为佳。

使童男小儿饼之。广三寸，厚二寸。

须西厢东向开户屋中。净扫地，地上布曲。十字立巷，令通人行；四角各造曲奴一枚。

讫，泥户，勿令泄气。七日，开户，翻曲，还塞户。二七日，聚，又塞之。三七日，出之。

作酒时，治曲如常法，细锉为佳。

【译】另一种酿神曲的方法：要在七月第一个寅日做，做时不许鸡狗见到或吃到。

看准备的麦有多少，把它分作三份：蒸的炒的这两份，分量彼此相等；生的一份，每一石多加一斗半。分别磨细，混和起来。和水时，稍微硬一些，最好尽快揉和熟。

……

用西边厢房，向东开单扇门的房屋。将地扫净，曲饼就铺在地上。中间留下十字形的大巷道，让人通行；四只角上，每角做一只"曲奴"。

铺好，用泥将门缝涂密，不要让房屋漏气。过了七天，开开门，把曲饼翻转一次；翻完又塞上门。过了第二个七天，堆聚起来，又塞上门。过了第三个七天，取出来。

做酒时，曲要依常用的方法先做准备，切得越细越好。

造酒

造酒法：用黍米一斛，神曲二斗，水八斗。

初下米五斗，——米必令五六十遍淘之！——第二酘七斗米，三酘八斗米。满二石米以外，任意斟裁。然要须米微多。米少酒则不佳。

冷暖之法，悉如常酿，要在精细也。

【译】造酒法：用一斛黍米，两斗神曲，八斗水。

第一次，酘下五斗米的饭，——米必须淘过五六十遍！——第二次酘七斗米的饭，第三次酘八斗米的饭，满了两石米以后，随意斟酌断定。但总之需要多酘一点米。米太少，酒就不好。

保持温度的法则，和平常酿酒一样，总之要细细考虑。

神曲粳米醪

神曲粳米醪法：春月酿之。燥曲一斗，用水七斗，粳米两石四斗。

浸曲发，如鱼眼汤。净淘米八斗，炊作饭，舒令极冷。

以毛袋漉去曲滓^①，又以绢滤曲汁于瓮中，即酘饭。

候米消，又酘八斗。消尽，又酘八斗。凡三酘，毕。若犹苦者，更以二斗酘之。

此合醅^②饮之，可也。又作神曲方：以七月中旬已前作曲，为上时；亦不必要须寅日。二十日已后作者，曲渐弱。

凡屋皆得作，亦不必要须东向开户草屋也。大率：小麦，生、炒、蒸三种，等分。曝蒸者令干、三种和合，硙^③，净簸择，细磨：罗取麸，更重磨。唯细为良。粗则不好。

剉胡枲^④，煮三沸汤；待冷，接取清者，溲曲。以相着为限。大都欲小刚，勿令太泽。捣令可团便止，亦不必满千杵。以手团之，大小厚薄如蒸饼剂，令下微浥浥^⑤。刺作孔。太夫妇人皆团之，不必须童男。

其屋：预前数日着猫，塞鼠窟，泥壁令净。扫地，布

---

① 滓（zǐ）：渣子，沉淀物。

② 醅（pēi）：指没滤过的酒。

③ 硙（bèi）：舂。

④ 胡枲（xǐ）：苍耳，菊科，一年生草本植物。亦称卷耳、葹、苓耳、地葵、枲耳、葈耳、白胡荾、常枲。

⑤ 浥（yì）浥：指湿润的样子。

曲饼于地上，作行伍，勿令相逼。当中十字通阡陌，使容人行。作曲王五人，置之于四方及中央；中央者面南，四方者面皆向内。酒脯祭与不祭，亦相似，今从省。

布曲讫，闭户，密泥之，勿使漏气。一七日，开户翻曲，还着本处；泥闭如初。二七日聚之。若止三石麦曲者，但作一聚；多则分为两聚。泥闭如初。

三七日，以麻绳穿之；五十饼为一贯，悬着户内，开户勿令见日。五日后，出着外许，悬之。昼日晒，夜受露霜，不须覆盖。久停亦尔，但不用被雨。

此曲得三年停，陈者弥好。

【译】用神曲酿粳米醪糟的方法：春季的三个月里酿造。选干曲一斗，水七斗，粳米两石四斗。

先将曲浸到开始活动，发出鱼眼般的气泡。把八斗米淘净，炊成饭，摊到冷透。

用毛袋将曲汁的渣滓滤净。再用绢把滤得的曲汁，过滤到坛子里，就将饭酘下。

等米都消化了，又酘下第二个八斗。消化尽了又酘第三个八斗。酘下三次，就完了。如果有些苦味，再酘下两斗。

这酒，可以连醅一起饮用。另一个做神曲的方法：七月中旬以前做曲为最好，不一定要是寅日。七月二十日以后做的，曲的效果就慢慢弱了。

一般房屋都可以做，也不一定要朝东开着单扇门的草顶屋。大致的比例，是用生的、炒黄的、蒸熟的三种小麦，份量彼此相等。蒸熟的要晒干，三种混和后，碓舂，簸择干净，磨细；用细箩筛筛去麸，再重磨。越细越好。若粗了酒的味道就不会好。

把苍耳斫碎，煮成三沸汤；等冷后，将浮面的清汁舀出，和粉做曲，只要能黏着就够了。一般地说，要稍微硬些，要不太湿。捣到可以成团就行了，也不一定要满一千杵。用手捏成团，每团的大小厚薄，大致和一个馒头相像。做完时，让每一团下面稍微带一点潮。穿一个孔……

做曲的房屋，几天之前预先留下猫，再把老鼠洞堵严，墙壁上也新涂上泥，让墙壁干净。扫净地，把曲饼铺在地上，排成行列，彼此间留些空隙，不要相挤碰。当中留下十字形道路，让人可以走过。

……

曲团铺好，关上门，用泥涂密，不让漏气。过了第一个七天，开开门，将曲团翻转，仍旧放在原位；用泥涂密门。过了第二个七天，堆聚起来；如果只做了三石麦曲，便只做成一堆；如果多于三石，便分作两堆，像初时一样，用泥涂上门。

过了第三个七天，用麻绳穿起来，五十饼一串，挂在门里，开开门，但不要见日光。五天之后，拿出来，在外面挂着。白天让太阳晒，夜间承受霜露气，不用盖着。搁多久都行，只是不要被雨淋。

这样的曲，可以搁三年。陈的比新鲜的好。

神曲酒

神曲酒方：净扫刷曲令净。有土处，刀削去；必使极净。反斧背椎破，令大小如枣栗；斧刃则杀小。用故纸糊席曝之。夜乃勿收，令受霜露；风、阴则收之，恐土污及寸润故之。若急须者，曲干则得。从容者，经二十日许，受霜露，弥令酒香。曲多须干，润湿则酒恶。

春秋二时酿者，皆得过夏；然桑落时作者，乃胜于春。桑落时稍冷，初浸曲，与春同；及下酿，则茹瓮上，取微暖；勿太厚！太厚则伤热。春则不须，置瓮于砖上。

秋以九月九日或十九日收水；春以正月十日，或以晦日及二月二日收水。当日即浸曲。此四日为上时；余日非不得作，恐不耐久。

收水法，河水第一好。远河者，取极甘井水；小咸则不佳。

【译】神曲酿酒的方法：用干净的炊帚，将曲团刷干净。有泥土的地方，用刀削去，总之曲团必定要极干净。翻转斧头，用斧背把曲团捶破，让它碎成和枣子或栗子一样的碎块；如用斧头刃口，便会捶得太小。将糊有旧纸的席子荐着来晒。夜间也还不要收回来。让它承受霜和露气；但有风或下雨，就要收起，恐怕有风吹来的泥土弄脏，或者雨点溅湿。如果要得急，曲团晒干就罢了；如果时间从容，最好是过二十天左右，承受霜露，酿得的酒更香。曲团必须干燥，润湿的曲，酿出的酒味道不好。

春秋两季酿得的酒，都可以过夏天；但是，桑树落叶时所酿的，比春天酿的还强。桑树落叶时，天气稍微冷了一些，刚浸曲时，操作都和春天一样，到下酿饭时，就要在坛子上盖上一些东西，得到一些暖气；不要盖得太厚！太厚就会过热了。春天便不需要盖，将坛子搁在砖上就行了。

秋天，在九月初九或十九收取酿酒用的水；如果春天做，就在正月十五或月底，或者二月初二收取水。当天就用水把曲浸上。这四天取水是上等时令；其余日子，不是不能做，恐怕不耐久。

收水的方法：第一等好水是河水。离河远的，用最甜的井水；稍微有点咸味的，就做不成好酒。

清曲

清曲法：春十日或十五日；秋十五日或二十日。所以尔者，寒暖有早晚故也。

但候曲香沫起，便下酿。过久，曲生衣，则为失候；失候，则酒重钝，不复轻香。

米必细舂，净淘三十许遍；若淘米不净，则酒色重浊。

大率：曲一斗，春用水八斗，秋用水七斗；秋杀米三石，春杀米四石。

初下酿，用黍米四斗。再馏，弱炊，必令均熟，勿使坚刚生减也。于席上摊黍饭令极冷。贮出曲汁，于盆中调和；以手搦破①之，无块，然后内瓮中。

春以两重布覆；秋于布上加毡。若值天寒，亦可加草。

一宿再宿，候米消，更酘六斗。第三酘，用米或七八斗；第四、第五、第六酘，用米多少，皆候曲势强弱加减之，亦无定法。或再宿一酘，无定准；惟须消化乃酘之。

每酘，皆挹取②瓮中汁调和之；仅得和黍破块而已，不尽贮出。

每酘，即以酒杷③遍搅令均调，然后盖瓮。

虽言春秋二时，杀米三石四石；然要须善候曲势；曲势未穷，米犹消化者，便加米，唯多为良。世人云："米过酒甜。"此乃不解法；候酒冷沸止，米有不消者，便是曲势尽。

酒若熟矣，押出④清澄。竟夏直以单布覆瓮口，斩席盖布上。慎勿瓮泥！瓮泥，封交即酢坏⑤。

冬亦得酿，但不及春秋耳。冬酿者，必须厚茹瓮，覆盖。初下酿，则黍小暖下之；一发之后，重酘时，还摊黍使冷。酒发极暖，重酿暖黍，亦酢矣。

---

① 搦（nuò）破：捏破。

② 挹（yì）取：把液体从容器中盛出来。

③ 杷（pá）：同"耙"。

④ 押出：用较重的器物，将酒中的固体糟按压下去，让液体部分清酒停留在上面，可以舀出，称为"压酒"。押着舀出清酒，便是"压出"。

⑤ 酢（cù）坏：变酸变坏之意。酢，同"醋"。

其大瓮多酿者，依法倍加之。其糠沈杂用，一切无忌。

【译】酿清酒的方法：浸曲，春季是十天到十五天，秋季是十五天到二十天。之所以要这样分别，是因为天气的寒暖，有早晚不同。

只要等到曲发出酒香，有小气泡出来，就可以下酿。太久，曲长衣，就已经过时，曲过时后，酿成的酒口感就重而钝，再也不会轻而香。

米务必要舂得细而熟，淘洗三十遍左右，务必要洁净；如果淘得不净，则酒的颜色便会浓暗，而且浑浊。

一般地说，一斗曲，春天用八斗水浸，秋天用七斗水浸；秋天可以消化三石米，春天可以消化四石米。

第一次下酿，用四斗黍米。汽馏两遍，蒸得很软；务必要熟得均匀，不要太硬，将来容积会涨大或缩小。把这黍饭，在席子上摊到冷透。舀出曲汁来，在一个盆里调和黍饭，将大块的饭块用手捏破，到没有大块时，倒进坛子里去。

春天，用两重布盖着；秋天，布上还要加一层毡。如果遇到很寒冷的天气，也可以再加一重草。

过了一夜或两夜，看米消融了，再酘下六斗，第三酘，可以用到七八斗；第四、第五、第六酘，用多少米，都看曲的力量来增加或者减少，没有一定的法则。隔两夜酘一次，或者隔三夜酘一次，也没有一定的标准；只要等着看见前次酘下的米，都已消化，就可以再下。

每次下酨时，都舀一些坛子中的酵汁来调和黍饭；但是，只需要取将黍饭块弄碎调匀的量即可，并不要将所有的酵汁都舀出来。

每次下酨，都用酒耙满坛子搅和一次，务必要搅匀，才把坛子盖上。

虽然说的是春季一斗曲汁可以消化四石，秋季可以消化三石；但还是需要好好察看曲的力量；曲的力量还没有完，米还可以消化，便再加些米，米多些总好些。现在的人说："米太多酒就过甜。"这是不了解方法；要看到酒不再发热，也不再冒气泡，留下有不能消化的米，才是曲的力量尽了。

如果酒酿成了，压着舀出清酒来沉淀。整个夏天，仅仅只要用单层布遮住坛子口，割一片席子，盖在布上。千万不可以用泥封坛子口，泥封坛子口的，到了夏天就会发酸变坏。

冬天也可以酿，但是没有春天、秋天酿的好。冬天酿造时，必须用草将坛子厚厚地包裹着，再厚厚地盖住。第一次下的酨，要用微微有些温暖的黍饭；由发开始后，第二次下酨，仍旧要将黍饭摊开冷透。酒发酵之后，很热很热，要是再酨时还用暖饭，必定发酸。

用大坛子多酿些的，按这方法的比例，去增加倍数。酿酒所余的糠和米汤等，可以随便供任何用途，没有忌讳。

河东神曲

河东神曲方：七月初治麦，七日作曲。七日未得作者，七月二十日前亦得。

麦一石者，六斗炒，三斗蒸，一斗生；细磨之。

桑叶五分，苍耳一分，艾一分，茱萸^①一分，若无茱萸，野蓼^②亦得用。合煮取汁，令如酒色，滤去滓，待冷，以和曲。勿冷太泽。

捣千杵，饼如凡曲，方范作之。

【译】河东做神曲的方法：七月初准备麦子，初七做曲。初七没有来得及做的，七月二十日以前任何一天都可以。

一石麦中，六斗炒黄，三斗蒸熟，一斗生的，磨成细面。

用五份桑叶，一份杪耳叶，一份艾叶，一份茱萸叶，如果没有茱萸，可以用野生的蓼叶代替。合起来煮成汁，让汁的颜色像酒一般暗褐。滤掉叶渣，等冷后，用来和面做曲。不要太湿。

捣一千杵，做成像普通曲一样的饼，用方模印成块。

卧曲

卧曲法：先以麦䅌^③布地，然后著曲。讫，又以麦：即䅌覆之。多作者，可用箔槌，如养蚕法。

---

① 茱（zhū）萸（yú）：又称越椒、艾子，是一种落叶小乔木，开小黄花，果实椭圆形，红色，味酸，可入药。有杀虫消毒、逐寒祛风的功能。

② 蓼（liǎo）：一年生草本植物，叶披针形，花小，白色或浅红色，果实卵形、扁平，生长在水边或水中。茎叶味辛辣，可用以调味。全草入药。

③ 䅌（juān）：麦茎、麦秆。

覆讫，闭户。七日，翻曲；还以藉覆之。二七日，聚曲；亦还覆之。三七瓮盛。后经七日，然后出曝之。

【译】做卧曲的方法：先在地面铺一层麦秸，接着将曲放在麦秸上面；在曲饼上再盖一层麦秸。做得多的，可以用柱架安放筐䇲，像养蚕的方法一样。

盖好麦秸后，关上门。过了第一个七天，翻转曲饼；仍旧用麦秸盖上，过了第二个七天，堆聚起来，仍旧盖上。过了第三个七天，用坛子盛着。此后再过七天，再拿出来晒。

造酒

造酒法：用黍米；曲一斗，杀米一石。秫米令酒薄，不任事。

治曲，必使表、里、四畔、孔内，悉皆净削；然后细剉，令如枣栗。曝使极干。

一斗曲，用水一斗五升。十月桑落，初冻，则收水酿者，为上时春酒；正月晦日收水，为中时春酒。

河南地暖，二月作；河北地寒，三月作，大率用清明节前后耳。

初冻后，尽年暮。水脉[1]既定，收取则用。其春酒及余月，皆须煮水为五沸汤，待冷，浸曲。不然则动。

十月初冻，尚暖；未须茹瓮。十一月十二月，须黍穰

---

[1] 水脉：脉，时涨时缩的东西，黄河流域地区，地面的水流，在夏天和秋初，因为降水量的影响，变化很大，很像"脉搏"的情形，因此称为"水脉"。到了结冻的季节，雨季已过，地面水流不大变了，便到了"水脉稳定"的情形。

茹之。

浸曲，冬十日，春七日。候曲发气香沫起，便酿。

隆冬寒厉，虽日茹瓮，曲汁犹冻；临下酿时，宜漉出冻凌，于釜中融之。——取液而已；不得令热！——凌液尽，还泻著瓮中，然后下黍。下尔，则伤冷。

假令瓮受五百米者，初下酿，止用米一石。淘米，须极净，水清乃止。

炊为馈，下著空瓮中，以釜中炊汤，及热沃之，令馈上水深一寸余便止。以盆合头，良久，水尽，馈极熟软、便于席上摊之使冷。贮汁于盆中，搦黍令破，写著瓮中，复以酒杷搅之。每酘皆然。

唯十一月十二月天寒水冻，黍须人体暖下之；桑落春酒，悉皆冷下。

初冷下者，酘亦暖。不得易，冷热相杂。

次酘八斗，次酘七斗，皆须候曲蘖强弱增减耳，亦无定数。

大率：中分米，半前作沃馈，半后作再馏黍。纯作沃馈，酒便钝；再馏黍、酒便轻香。是以须中半耳。

冬酿，六七酘；春作，八九酘。冬欲温暖，春欲清凉。酘米太多，则伤热，不能久。

春以单布覆瓮，冬用荐盖之，冬初下酿时，以炭火掷着瓮中，拔刀横于瓮上。酒熟，乃去之。

冬酿，十五日熟；春酿，十日熟。至五月中，瓮别椀盛，于日中炙之。好者不动，恶者色变。色变者，宜先饮；好者，留过夏。但合醅停，须臾便押出，还得与桑落时相接。

地窖着酒，令酒土气；唯连檐草屋中居之为佳。瓦屋亦热。

【译】酿酒的方法：要用黍米；一斗曲，可以消化一石米。高粱米所酿的酒不够浓，不顶用。

准备曲时，一定要将曲的表面、里面、四方和孔的内面都削干净；然后再切碎，成为像枣子、栗子般的小块。晒到极干。

一斗曲，用一斗五升水来泡着。十月间，桑树落叶，水刚刚开始结冰时，就收下水来准备酿酒的，是时令最好的春酒；正月底收水的，是中等时令的春酒。

黄河以南的地方，气候温暖，二月间酿酒；黄河以北，气候寒冷些，三月间酿酒。大概都该在清明节前后。

从水初结冻起，直到年底，水流涨缩已经稳定时，收取了水来，即刻可以供酿酒用。做春酒，或者其余的月份，都要把水煮沸五次，做成"五沸汤"，等汤冷了，用来浸曲。不然，酒就会变酸变坏。

十月间，刚结冻时，天气还暖；酿酒的坛子不必用草包裹。十一、十二月，就要用黍穰包裹起来。

浸曲，冬季浸十天，春季浸七天。等到曲发了，有酒香，也有泡沫浮起，就可以下酘酿造。

深冬，冷得厉害，虽然天天包裹着坛子，曲汁还是冻着的，在下酘时，应当把面上的凌冰漉起来，在锅里融化。只能使凌块变成水，不可以让曲汁变热！等凌冰都化了，倒回坛里去，然后再酘黍饭，不然，就会嫌太冷。

如果用的酒坛可以容纳五石米，第一次下酘时，只用一石米。米要淘得极干净，水清了才行。

炊作半熟饭，倒在空坛子里，将锅里炊饭的开水，趁热浇下去，让饭上面留有一寸多深的水就够了。用盆盖住坛子头，很久以后，水都吸收完了，饭极熟也极软了，就在席子上摊开，让它冷却。把曲汁舀在一个盆里，倒下饭去把黍饭块捏破，倒回坛子里去，再用酒耙搅匀。每次下酘，都是这样的做法。

只有十一、十二月，天气冷，水结冻时，黍饭要保持和人身体同样的温度再酘下去；桑落酒和春酒，都只可以酘下冷饭。

第一次酘的是冷饭，以后也要酘冷的；第一次酘的热饭，以后也酘热的，不要调换来回，冷的热的混杂着下。

第二次酘八斗，再酘七斗，都要察看曲势的强弱来增加或减少，并没有一定的数量。

一般来说，应当把每次准备用的米，分作两个等份：一半先做成半熟饭，用开水泡熟，剩下一半，将酘时再蒸熟成黍饭。如果全用纯粹的泡熟饭，酒就钝浊；纯粹地再加蒸饭，酒就轻而香。因此，必须要一样一半。

冬天酿，酘六七次；春天酿，酘八九次。冬天要温暖，春天要清凉。一次酘下的米太多，发热量太大，就会过热，不能久放，所以春天要多分几次下酘。

春天用单层布盖在酒坛上，冬天用草荐盖着。冬天第一次下酿时，将燃着的炭火，投到酒坛里；将去掉鞘的刀，横搁在坛口上。酒成熟后，才拿开。

冬天酿的，十五天成熟；春天酿的，十天成熟。到了五月中，从每个酒坛中盛出一碗来，在太阳下面晒着。好酒不会变色；坏了的，会变颜色。变颜色的那些坛子，要先喝掉；好的，留下过夏天。连糟一并储存；要用时就押出来；这样，可以留到和"桑落酒"相连接。

地窖藏酒，酒会有泥土臭气；只有搁在满檐的草屋中储藏才好。瓦屋也嫌热。

作曲、浸曲、炊、酿，一切悉用河水，无手力之家，乃用甘井水耳。

淮南《万毕术》曰："酒薄复厚，渍以莞蒲。"断蒲渍酒中，有顷出之，酒则厚矣。

凡冬月酿酒，中冷[1]不发者，以瓦瓶盛热汤，坚塞口，

① 中冷：即受冷得了病。

又于釜汤中煮瓶令极热，引出。着酒瓮中，须臾即发。

【译】由做曲、浸曲到炊馈下酿，一切用水都要用河水；人力不够的人家，才只好用不咸的井水。

淮南《万毕术》说："酒淡了要变浓，用蒲苇渍。"将新鲜蒲切断，泡在酒里，过些时候取出来，酒就变浓了。

冬天酿酒，酒受了冷，不能发酵的，可以用瓦瓶盛上热水，将口塞实，再放在锅里的沸水中，将瓶煮得很热，用绳牵出来，放进酒坛里，很快就发酵了。

白醪酒

白醪曲 [1]

作白醪曲法：取小麦三石，一石熬之，一石蒸之，一石生。三等合和，细磨作屑。

煮胡葈汤，经宿，使冷。和麦屑捣令熟，踏作饼。圆铁作范，径五寸，厚一寸余。

床上置箔，箔上安薜蒢[2]，薜蒢上置桑薪灰，厚二寸。

作胡葈汤，令沸。笼子中盛曲五六饼许，着汤中。少时，出，卧置灰中。用生胡葈覆上以经宿。勿令露湿；特覆曲薄徧[3]而已。

七日，翻；二七日，聚；三七日，收。曝令干。

作曲屋，密泥户，勿令风入。

若以床小不得多着曲者，可四角头竖槌，重置椽箔，如养蚕法。

七月作之。

【译】做白醪曲的方法：取三石小麦，一石炒干，一石蒸熟，一石用生的。把三种混合起来，磨碎成为面。

---

① 白醪曲：做糯米甜酒的曲。醪，是带糟的酒。

② 蒢（chú）：一种中药草。

③ 徧（biàn）：同“遍”。

将苍耳叶煮出汁，放置一夜，让它冷透。和到面里，捣熟，踏成饼。用圆形的铁模压，每饼直径五寸，厚一寸多。

在矮架上放着苇帘，帘上铺着粗篾摺；摺上面铺上两寸厚的桑柴灰。

另外煮些苍耳叶子汁，让它保持沸腾着。每次在一个小竹篮中，放五六个曲饼，在这沸腾着的苍耳汁中泡一泡。泡一会儿，拿出来，在灰里"卧"着保温。用生苍耳叶盖着过夜。目的只在避免露水浸湿，所以只要薄薄地盖上一层。

满七天，翻一次；到了第二个七天，堆聚起来；满第三个七天，收起来。晒干。

做曲的屋子，要用泥把门缝封密，不让风进去。

如果矮架面积太小，不能搁很多的曲。可以在架子四角，竖起柱子，搭成多重的格子安上横椽，铺上苇箔，像养蚕一样。

七月里做。

白醪

酿白醪法：取糯米一石，冷水净淘。漉出，著瓮中，作鱼眼沸汤浸之。

经一宿，米欲绝酢；炊作一馏饭，摊令绝冷。

取鱼眼汤，沃浸米泔二斗，煎取六升；著瓮中，以竹扫冲之，如茗渤。

复取水六斗，细罗曲末一斗，合饭一时内瓮中，和搅，令饭散。

以毡物裹瓮，瓶口覆之。经宿，米消，取生①疏②布漉出糟。

别炊好糯米一斗作饭，热著酒中为"汎③"，以单布覆瓮，经一宿，汎米④消散，酒味备矣。

若天冷，停三五日弥善。

一酿：一斛米，一斗曲末，六斗水，六升浸米浆。若欲多酿，依法别瓮中作；不得併⑤在一瓮中。

四月、五月、六月、七月，皆得作之。

其曲，预三日以水洗令净，曝干用之。

【译】酿白醪的方法：取一石糯米，用冷水淘净。漉出来，放在坛子里，用鱼眼沸的热水泡着。

过一夜，米就会极酸；才蒸成"一馏饭"，摊到极冷。

用鱼眼汤，泡出两斗米泔水来，煎取六升；放在有饭的坛子中，用竹帚像舂"茗渤"一样地舂。

另外用六斗水，加上用细箩筛筛得的一斗曲末，同时和在加泔水舂过的饭里，搁进坛子里，调和搅动，使饭粒散开。

① 生：新鲜未经用过。

② 疏：粗而稀疏。

③ 汎：浮在表面的东西称为"汎"。

④ 汎米：浮在酿汁中的饭块。

⑤ 併（bìng）：合在一起，同"并"。

用毡之类的厚东西裹着坛子，连坛口一并盖上。过一夜，米消化了，用干净的粗疏布将糟滤出去。

另外将一斗好糯米，炊成饭，趁热搁进酒里面，作为"汎"。用单层布盖着坛子，过一夜，汎米团块消散后，酒味就具备了。

如果天气冷，多等候三五天，更好。

每酿一曲，用十斗米、一斗曲末、六斗水、六升浸米的泔水浓缩所得的浆。如果想多酿，照这个分量比例，另外在别的坛子中酿，不可以并合成一大坛。

四月、五月、六月、七月都可以酿。

所用的曲，提前三天洗干净，晒干再用。

笨曲并酒

秦州春酒曲

作秦州春酒曲法：七月作之，节气早者，望[①]前作；节气晚者，望后作。

用小麦不虫者，于大镬釜中炒之。

炒法：钉大橛，以绳缓缚长柄匕匙著橛上，缓火微炒。其匕匙，如棹[②]法，连疾搅之，不得暂停则生熟不均。

候麦香黄，便出；不用过焦。然后簸、择，治令净。

磨不求细；细者，酒不断[③]；粗，刚强难押。

预前数日刈[④]艾：择去杂草，曝之令萎，勿使有水露气。

溲曲欲刚，酒水欲均。初溲时，手搦不相著者，佳。

溲讫，聚置经宿，来晨熟捣。

作木范之：令饼方一尺，厚二寸；使壮上熟踏之。饼成，刺作孔。

竖槌，布艾椽上，卧曲饼艾上，以艾覆之。大率下艾欲厚，上艾稍薄。

密闭窗户。三七日，曲成。打破看，饼内干燥，五色衣

① 望：每月的十五日。

② 棹（zhào）：划船的一种工具，形状和桨差不多。此处指摇桨划船。

③ 酒不断：清酒与酒糟不易分离。断，分隔开来。

④ 刈（yì）：割除（草或谷类）。

成，便出曝之。如饼中未燥，五色衣未成，更停三五日，然后出。

反覆日晒，令极干；然后高厨上积之。

此曲一斗，杀米七斗。

【译】做秦州春酒曲法：七月间做，节气早的，每月十五日以前做；节气晚的，每月十五日以后做。

用没有生虫的小麦，在大锅里炒。

炒的方法：钉实一条大的木棒，将一个长柄的勺子，用较长的一个绳套，松松地系在木棒上，用慢火炒。勺子，像摇桨一样，接连着迅速地搅动，不要稍微停止一下，一停手便会生熟不均匀。

等到麦子炒到有香味发黄了，便出锅，不要炒得太焦。出锅后，再簸扬（指将谷物等扬起，利用风或气流分离或吹掉其中的谷壳、灰尘等），拣择，弄得干干净净。

磨，不要磨得太细；太细了，清酒与酒糟不易分离；太粗，又会嫌太硬，押酒时押不动。

早在几天以前，割些艾蒿回来，把混在艾蒿中的杂草都拣出去，晒到发蔫。总之，不让它再有多余的水分。

拌和曲粉，要干些，硬实些，酒水要均匀。刚拌和时，手捏着不黏的最合适。

拌好，堆起来放置一夜，第二天早上，再捣熟。

用木头模子围起来：每一饼有一尺见方、两寸厚；让有力的年轻人在上面踏紧。曲饼做成后，在中央穿一个孔。

竖起柱子支架，在横椽上铺上艾蒿，将曲饼放在艾蒿上，再用艾蒿盖上。一般下面垫的艾蒿要厚些，上面盖的艾蒿稍微薄点。

密密地关上窗和门。过了二十一天，曲已经成熟了。打破来看，饼里面是干燥的，而且有了五色衣，就拿到外面来晒。如果饼里没有干透，五色衣还没有成，就再停放三天五天，然后才拿出来晒。

翻来覆去晒过，晒到极干燥了，然后放在高架上累积起来。

一斗这样的曲，可以消化七斗米。

春酒

作春酒法：治曲欲净，剉曲欲细，曝曲欲干。

以正月晦日，多收河水。——井水苦咸，不堪淘米，下馈亦不得。

大率：一斗曲，杀米七斗，用水四斗，率以此加减之。

十七石瓮，惟得酿十石；米多则溢出，作瓮，随大小依法加法。

浸曲七八日，始发，便下酿。

假令瓮受十石米者，初下以炊米两石，为再馏黍。黍熟，以净席薄摊令冷，块大者，擘破然后下之。

没水而已，勿更挠劳[1]！待至明旦，以酒杷搅之，自然

---

[1] 挠劳：挠，扰动。劳，摩平。

解散也。即搦者，酒喜厚浊。

下黍讫，以席盖之。

已后，间一日辄更酘，皆如初下法。第二酘，用米一石七斗；第三酘，用米一石四斗；第四酘，用米一石一斗；第五酘；用米一石；第六酘第七酘，用米九斗。

计满九石，作三五日停，尝看之；气味足者，乃罢。若犹少米者，更酘三四斗。数日，复尝，仍未足者，更酘三二斗。数日，复尝，曲势壮，酒仍苦者，亦可过十石米。但取味足而已，不必要止十石。然必须看候，勿使米过，过则酒甜。

其七酘以前，每欲酘时，酒薄霍霍者，是曲势盛也，酘时宜加米，与次前酘等。虽势极盛，亦不得过次前一酘斛斗也。势弱酒厚者，须减米三斗。

势盛不加，便为"失候"；势弱不减，刚强不消。加减之间，必须存意！

若多作，五瓮已上者，每炊熟，即须均分熟黍，令诸瓮偏得。若偏酘一瓮令足，则余瓮比候黍熟，已失酘矣。

酘：当今寒食前得再酘，乃佳，过此便稍晚。若邂逅不得早酿者，春水虽臭，仍自中用。

淘米必须极净；常洗手剔甲，勿令手有咸气；则令酒动，不得过夏。

【译】做春酒的方法：曲，要收拾得干净，斫得细，晒得干。

在正月底的一天，多收集一些河水。——井水过咸，不能用来淘米、泡米，也不可以用来下米馈。

按一般比例：一斗曲，消化七斗米，要用四斗水。用这个比例来增加或减少所储备的河水。

一个容量十七石的坛子里，只可以酿十石；用米太多，就会漫出来。依坛子的大小，照比例增加或减少所用的米。

曲浸下七八天，开始发酵，就可以下酿了。

如果用一个能容酿十石米的坛子，第一次下两石炊过的米，制成汽馏两次的"再馏饭"。馏熟之后，在干净的席子上摊成薄层冷却。有结成了大块的，弄散再下。

只要浸在水面以下就够了，不要再搅动，等第二天早晨，用酒耙搅和一下，自然就会散开来。如果刚下酿就捏开饭的，酒容量易变得厚重浑浊。

饭下完了，用席盖上。

以后，隔一天下一次酘，都像第一次一样。第二酘，用一石七斗米；第三酘，用一石四斗米；第四酘，用一石一斗米；第五酘，用一石米；第六酘和第七酘，都用九斗米。

合计酘够了九石米，就停上三五天，尝尝看；如果气味都够了，就罢手。如果米还太少，就再酘下三四斗。过几天，再尝尝看，如果还不够，再酘下两三斗。过几天，再尝尝，如果曲的劲力还很壮盛，酒还有些苦，可以再加酘，酘下的米，总计可以超过十石。只要味够了就停止。不一定要达到十石才停止。不过，总要随时留心看着，不要让米过量，过量后，酒就会太甜。

在第七酘以前，每次下酘时，看见酒"薄霍霍"的，就表示曲的劲力壮盛着，酘时应当加些米，加到与上一次所下的相等。但是，尽管劲力壮盛，也不可以超过上一次所酘的米量以外。如果曲劲力弱、酒厚重，就要减去三斗米。

曲的劲力壮盛时，不增加下酘的米，便会"失候（错过适当的时刻）"；劲力弱时不减少，刚强的饭残留着消化不完。加减米的时候，必须留意。

如果做得多，总数在五坛以上的话，每次将下酘的饭炊熟后，就得将熟饭均匀分开，让各个坛子都能分到。如果只酘在一个坛子，让它满足，其余各坛，得等待第二批饭熟，便已经失时了。

下酘：应当要在寒食节以前下过第二酘，才最好；过了寒食便稍微嫌晚了。如果碰到不能早酿的情形，春天的河水，虽然可能有臭气，也还是可以用的。

淘米务必要淘到极干净；淘时常常先洗净手，剔净指甲，不要让手有咸气；如果手有咸气，酒就会变坏，不能过夏天。

颐曲

作颐曲法：断理麦艾布置，法悉与春酒曲同。然以九月中作之。大凡作曲，七月最良；然七月多忙，无暇及此，且曲。然此曲九月作亦自无嫌。

若不营春酒曲者，自可七月中作之。——俗人多以七月七日作之。

崔寔亦曰："六月六日，七月七日可作曲。"

其杀米多少，与春酒曲同。但不中为春酒：喜动。以春酒曲作颐酒，弥佳也。

【译】做颐曲的方法：分别处理麦和艾以及一切布置，方法都和做春酒曲一样。只不过是在九月里做。一般做曲，七月间最好；但是七月正是忙的时候，没有工夫做曲，就只好等待。因为曲在九月里做也不要紧。

倘使不做春酒曲的，自然可以移在七月里做。——现在一般人都欢喜在七月初七做。

崔寔也说："六月初六、七月初七，可以做曲。"

颐曲消化米的分量，和春酒曲相同。不过不能用来酿春酒：酿的春酒容易变坏。用春酒曲来做颐酒，却更好些。

颐酒①

作颐酒法：八月九月中作者，水定难调适。宜煎汤三四沸，待冷，然后浸曲，酒无不佳。

大率：用水多少，酘米之节，略准春酒，而须以意消息②之。

---

① 颐酒：酒的一种。

② 消息：渐增或渐减。消，像冰化成水一般，渐渐减少。息，累积增多。

十月桑落时者，酒气味颇类春酒。

【译】做颐酒的方法：八月九月中做的，水一定很难调节到合适的温度。应当把水烧开三四遍，等水冷了，然后浸曲。这样，酒没有做不好的。

一般来说，用水多少，每次酘下的米多少，大致和春酒相同，但是要留意渐增或渐减。

到十月，桑树落叶时做的，酒的气味，便很像春酒了。

河东颐白酒

河东颐白酒法：六月七月作。

用笨曲，陈者弥佳。划治、细剉。曲一斗，熟水三斗，黍米七斗。曲杀多少，各随门法。

常于瓮中酿；无好瓮者，用先酿酒大瓮，净洗，曝干，侧瓮着地作之。

旦起，煮甘水。至日午，令汤色白，乃止。量取三斗着盆中。

日西，淘米四斗，使净；即浸。夜半，炊作再馏饭，令四更中熟。下黍饭席上，薄摊令极冷。

于黍饭初熟时浸曲；向晓昧旦，日未出时下酿。以手搦破块，仰置勿盖。

日西，更淘三斗米，浸，炊，还令四更中稍熟，摊极冷；日未出前酘之。亦搦块破。

明日便熟，押出之，酒气香美，乃胜桑落时作者。

六月，唯得作一石米酒，停得三五日。七月半后，稍稍多作。

于北向户大屋中作之第一。如无北向户屋，于清凉处亦得。然要须日未出前清凉时下黍；日出已后，热，即不成。

一石米者，前炊五斗半，后炊四斗半。

【译】做河东颐白酒的方法：六月七月间做。

用笨曲，陈旧的更好。刮去外层，切碎。一斗曲，三斗熟水，七斗黍米。不过曲能消化多少米，随各人酿法略不一样。

通常在坛子里酿：没有好的小坛子，就用从前酿过酒的大坛子，洗净，晒干，侧转在地上来做。

早晨起来，煮甜水，到太阳当空，水成白颜色时就停止。量出三斗米，搁在盆里。

太阳转向西了，淘四斗米，淘得很干净，就浸在水里。半夜里，把浸的米炊成"再馏饭"，让饭在四更中熟。把黍饭倒在席上，摊成薄层，使它冷透。

黍饭刚熟时，把曲浸在白天煮过的熟水里，快天亮，太阳还没有出来时下酿。用手将饭块捏破，敞开放置，不要盖。

太阳向西了，再淘三斗米，浸着，炊过，依昨天的样子让它四更熟，摊开，冷透，趁太阳没有出来以前下酸。也把饭块捏破。

过一夜，到第二天，酒就成了，压出来，酒气香而味美，比桑叶落的时节做的还好。

六月中，只可以做一石米的酒，停留三五天。七月半以后，才可以稍微多做些。

最好是在门向北开的大屋里做。如果没有门向北开的屋，也可以在清凉的地方做。但最要紧的，是要在太阳没有出来以前，清凉的时候下黍；太阳出来以后，热了，就不成了。

如果做一石米的酒，第一次煮五斗半；第二次煮四斗半米。

桑落酒

笨曲桑落酒法：预先净划曲，细剉；曝干。

作酿池，以藁茹瓮。不茹瓮，则酒甜；用穰，则太热。

黍米，淘须极净。

以九月九日日未出前，收水九斗，浸曲九斗。

当日，即炊米九斗为馈。下馈著空瓮中，以釜内炊汤，及热沃之；令馈上游水①深一寸余便止，以盆合头。

良久，水尽馈熟，极软。写著席上，摊之令冷。

挹②取曲汁，于瓮中搦黍令破，写瓮中，复以酒杷搅之。——每酘皆然。两重布盖瓮口。

七日一酘。每酘皆用米九斗。随瓮大小，以满为限。

假令六酘：半前三酘，皆用沃馈：三炊黍饭。

瓮满，好，熟，然后押出。香美势力，倍胜常酒。

---

① 游水：多余的，漂浸着可以游动的水。

② 挹（yì）：用勺子之类的器皿，将"游水"舀出，称为"挹"。

【译】用笨曲酿桑落酒的方法：事前预先将曲饼表面划去一层，切碎；晒干。

做成"酿池"，用薰秸包在坛子外面……

用黍米，淘洗要极干净。

九月初九，太阳还没出来以前，收九斗水，浸下九斗曲。

当天，就炊上九斗米做成馈。把馈放在空瓮子里，用锅里原来炊饭的沸水，趁热倒下去泡着；让馈上面还有一寸多深的水漂着就够了，用盆子倒盖住坛子口。

过了一会儿，水被馈吸尽了，馈便已经熟了，也极软了。把它倒在席子上，摊到冷。

将浮面的清曲汁舀出来，在盆中浸着饭块，把饭块捏破，倒进坛子里，再用酒耙搅拌。——每次下酘都这样做。坛子口用两层布盖着。

每七天酘一次。每酘一次都用九斗米。看坛子的大小，以坛子满为限。

如果酘六次：前三次酘的，用是水烫软的"沃馈"；后三次，则用"再馏饭"。

坛子满了，酒好了，熟了，然后押出来。酒香、酒味和酒劲，都比平常的酒加倍地好。

白醪酒

笨曲白醪酒法：净削治曲，曝令燥。渍曲，必须累饼置水中，以水没饼为候。

七日许，搦令破，漉去滓。

炊糯米为黍，摊令极冷，以意酘之。且饮且酘，乃至尽。禾冗米亦得作。

作时，必须寒食前令得一酘之也。

【译】用笨曲酿白醪酒的方法：曲要干净地削好整好，晒干。浸曲时，要将曲饼层层堆积，浸在水中，让水浸没过曲饼。

七天左右，把曲饼捏破，曲渣滤掉。

将糯米炊成饭，摊到冷透，随自己的计划下酘，一面饮一面酘，到饮尽。也可以用粳米做。

做的时候，必须在寒食节以前下一次酘。

酴酒 [①]

蜀人作酴酒法：十二月朝，取流水五斗，渍水麦曲二斤，密泥封。

至正月二月，冻释，发，漉去滓。但取汁三斗——杀米三斗。

炊作饭，调强软，合和；复密封。数十日，便熟。

合滓餐之，甘、辛、滑，如甜酒味，不能醉人。多啖，温温小暖而面熟也。

【译】蜀人做酴酒的方法：十二月初一的早上，取五斗

---

① 酴（tú）酒：酒酿之意。

流水，浸着两斤小麦曲。用泥密封着。

到正月或二月，解冻了，开封，把渣滤掉，只取三斗清汁——可以消化三斗米。

炊成饭，调整软硬，加到曲汁里去和匀；再封密。过几十天，便熟了。

连渣一起吃，味甜，辛，软滑，像甜酒的味道，不会醉人。多吃些，也不过温温地觉得有点暖意，脸上发热而已。

粱米酒

粱米酒法：凡粱米皆得用；赤粱白粱者佳。春秋冬夏，四时皆得作。

净治曲，如上法。笨曲一斗，杀米六斗；神曲弥胜。用神曲，量杀多少，以意消息。

春，秋，桑叶落时，曲皆细剉；冬则捣末，下绢簁①。

大率：一石米，用水三斗。

春、秋，桑落三时，冷水浸曲；曲发，漉去滓。冬即蒸瓮使热，穰茹之；以所量水，煮少许粱米薄粥，摊待温温，以浸曲。一宿曲发，便炊，下酿，不去滓。

看酿多少，皆平分米作三分：一分一炊。净淘，弱炊为再馏，摊，令温暖于人体，便下。以杷搅之，盆台泥封。

夏一宿，春秋再宿，冬三宿，看米好消，更炊酘之；还封泥。

① 簁（shāi）：在这里同"筛"。

第三酘亦如之。

三酘毕，后十日，便好熟。押出。

酒色漂漂，与银光一体。姜辛，桂辣，蜜甜，胆苦，悉在其中。芬芳酷烈，轻乃遒①爽，超然独异，非黍秫之俦②也。

【译】酿粱米酒的方法：所有粱米都可以用，不过赤粱米、白粱米酿的酒更好。春、夏、秋、冬四季都可以酿。

依上面所说的方法，将酒曲处理干净。一斗笨曲，可以消化六斗米；神曲力量更大，用神曲时，估量它的消化力有多大，计划增减。

春天，秋天，桑树落叶时，曲要切碎；冬天，曲要捣成粉末，用绢筛筛过。

一般来说，一石米，用三斗水。

春天，秋天，桑树落叶时这三个时间，用冷水浸曲；曲发后，滤掉渣滓。冬天，先把坛子蒸热，用麦糠包着；将所量的三斗水，加少量粱米，煮成稀糊糊，摊到温温的，用来浸曲。过一夜，曲发，就炊饭，下酿，不滤掉曲渣。

估量所酿的酒，将米平均分作三份：一次炊一份。淘洗干净，炊软成再馏饭，摊开，让它的温度比人体稍微暖些，就下酿。用酒耙搅拌，坛子口盖上盆，用泥封密。

夏天过一夜；春秋过两夜；冬天过三夜。看看米已经消

---

① 遒（qiú）：雄健有力。

② 俦（chóu）：同辈，伴侣。此处指同一类。

化好了，再炊一份酘下去，还是用泥封上。

第三次下酘，也是一样的步骤。

三酘完毕后十天，酒便已经好了、熟了。压出来。

酒的颜色，带着闪光，和银子的光泽一样。姜的辛味、桂的辣味、蜜的甜味、胆的苦味一并包括在酒内。而且，酒的味芬芳、浓厚、强烈、轻快、有力、高爽，与其他酒不同，不是黍酒与秫酒所能比的。

穄[①]米酎[②]

穄米酎法：净治曲，如上法。笨曲一斗，杀米六斗；神曲弥胜。用神曲者，随曲杀多少，以意消息。曲，捣作末，下绢筛。

计六斗米，用水一斗，从酿多少，率以此加之。

米必须昕，净淘，水清乃止。即经宿浸置。明旦，碓捣作粉；稍稍箕簸，取细者，如糕粉法。

粉讫，以所量水，煮少许穄粉作薄粥。自余粉，悉于甑中干蒸。令气好，馏；下之，摊令冷；以曲末和之，极令调均。

粥温如人体时，于瓮中和粉，痛抨使均柔，令相著。亦可椎打，如椎曲法。

擘破块，内著瓮中。盆合泥封。裂则更泥，勿令漏气。

正月作，至五月大雨后，夜暂开看，有清中饮，还泥

---

① 穄（jì）：口语称穄子，一年生草本植物，即不黏的黍类，又名"糜（méi）子"，去壳后的穄子称为穄米，是一种不太常见的粮食。

② 酎（zhòu）：醇酒，经过两次或多次重（chǒng）酿的酒。

封，至七月好熟。

接饮不押。三年停之，亦不支。

一石米，不过一斗糟；悉著瓮底。酒尽出时，冰硬糟脆，欲似石灰。

酒，色似麻油。甚酽；先能饮好酒一斗者，唯禁得升半，饮三升大醉。三升不"浇"必死。

凡人大醉，酩酊无知，身体壮热如火者，作热汤，以冷水解；名曰"生熟汤"。汤令均小热，得通①人手，以浇醉人。汤淋处即冷，不过数斛汤，回转②翻覆，通头面痛淋，须臾起坐。

与人此酒，先问饮多少？裁量③与之。若不语其法，口美不能自节，无不死矣。

一斗酒，醉二十人；得者，无不传饷④亲知，以为乐。

【译】酿秫米酎的方法：依上面所说的方法，将曲处理干净。一斗笨曲，可以消化六斗米；神曲力量更大。用神曲时，依照它的消化力多少，计划增减。曲，要捣成粉末，用绢筛筛过。

总计六斗米要用一斗水；随便酿多少，都要依这个比例

---

① 得通：在这里是"可以通过"的意思，即热，但不太烫，人手还可以在里面放着而不嫌烫。

② 回转：回环往复；运转。

③ 裁量：减少分量。裁，即减少。

④ 传饷：赠送食物。传，传递。

增加。

米一定要舂过，淘洗干净，等水清了才停止。随即在水里泡着放置一夜。明早，在碓里捣成粉；稍微用簸箕扬一下，像做糕粉一样，取较细的米粉。

粉取得后，将量好的水，加少量粉，煮成稀糊糊。其余的粉，全部在甑里干蒸。让水汽充旺，馏着；然后取下来，摊开放冷；将曲末和进去，要和得极均匀。

米粉糊凉了，到与人体差不多温度的时候，再倒进坛子里，跟熟粉调和，用力搅拌，使它均匀柔软，让它黏着起来。也可以用木槌打，像打曲饼一样。

把熟粉块掰破，放进酒坛里。坛子口用盆盖上，泥封好。泥裂缝时，就换新的泥，不要让它漏气。

正月时做，到了五月里，遇着下大雨的天。在雨后的夜间，暂时打开来看一看：有了清酒泛出来，可以饮用了，还是用泥封住。到七月才真正好了、熟了。

只舀出来饮，不要压。停放三年，也不会变坏。

一石米，酒酿成之后，不过剩下一斗的糟；全部沉在坛底。酒舀完后，把糟取出来时，像冰一样地硬、酥、脆，有点儿像石灰。

酒清，颜色像麻子油一样。很酽；平常能喝一斗好酒的人，这种酒只能受得起一升半；饮到三升，就会大醉。饮到了三升，不"浇"，必定要醉死。

凡属喝得大醉的人，都是昏昏沉沉、没有知觉，身体表面热得像火烧一样的。都要煮些开水，用冷水冲开；名叫"生熟汤"。让这水均匀地热，仅仅可以下得手，用来浇大醉的人。水淋过的地方就会冷；只要几斛汤，将醉人回转翻覆，连头面一起大量浇过，不久喝醉的人就醒了，能坐起来了。

把这种酒给人饮时，先要问他平常能饮多少？然后依分量折减着给他。如果不把这个规矩告诉他，只觉得味道好，不能自己克制的，没有不醉死的。

一斗酒，要醉二十个人。得到这种酒的，都会要赠送给亲戚朋友们尝尝，分享快乐。

黍米酏

黍米酏法：亦以正月作，七月熟。

净治曲，捣末绢簁，如上法。笨曲一斗，杀米六斗；用神曲弥佳。亦随曲杀多少，以意消息。

米，细晰，净淘，弱炊再馏。黍摊冷，以曲末于瓮中和之，挼①令调均。擘破块，著瓮中。盆合泥封，五月暂开，悉同稷酏法。芬香美酽，皆亦相似。

酿此二酏，常宜谨慎：多喜杀人。以饮少，不言醉死，正②疑药杀。尤须节量，勿轻饮之。

---

① 挼（ruó）：揉搓。

② 正：恰恰，单单。

【译】酿黍米酎的方法：也是正月做，七月间熟。

依照上面所说的方法，把酒曲整治干净，捣成粉末，用绢筛筛过。一斗笨曲，可以消化六斗米；用神曲更好。也要看曲的消化力多少，折算增减。

米舂细，淘洗干净，炊软成"再馏饭"。黍饭摊冷，在坛子里和上曲末，手揉搓到调和均匀。把饭块掰破，放进坛中。用盆盖住坛口，泥封密。五月间暂时开开看一看，都和做秫米酎一样。所得的酒，芬芳、美味、浓厚，也都很相像。

酿秫米酎、黍米酎这两种酒，一般都宜于谨慎：它们容易把人醉死。但是，因为饮的量少，不会说是醉死，单单疑心是掺了毒药毒害的。更要节制自己的饮用量，不要随便喝。

粟米酒

粟米酒法：唯正月得作，余月悉不成。

用笨曲，不用神曲。

粟米皆得作酒，然青谷米最佳。

治曲，淘米，必须细净。

以正月一日，日未出前，取水。日出即晒曲。

至正月十五日，捣曲作末，即浸之。

大率：曲末一斗，堆量之；水八斗，杀米一石。米，平量之。随瓮大小，率以此加；以向满为度。

随米多少，皆平分为四分。从初至熟，四炊而已。

预前经宿，浸米令液。以正月晦日，向暮炊酿；正作饙耳，不为再馏。

饭欲熟时，预前作泥置瓮边，饙熟，即举甑，就瓮下之；速以酒杷，就瓮中搅作三两遍。即以盆合瓮口，泥密封，勿令漏气，看有裂处，更泥封更泥封：即"换过"。

七日一酘皆如初法。

四酘毕，四七二十八日，酒熟。

此酒要须用夜，不得白日，四度酘者，及初押酒时，皆迴身映火，勿使明及瓮。

酒熟，便堪饮。未急待，且封置，至四五月押之，弥佳。押讫，还泥封；须便择取。荫屋贮置，亦得度夏。

气味香美，不减黍米酒。贫薄之家，所宜用之，黍米贵而难得故也。

【译】酿粟米酒的方法：只有正月可以做，其余月份都不行。

只用笨曲，不用神曲。

各种粟米都可以做酒，但是只有青谷米最好。

整治酒曲和淘米，都要精细干净。

在正月初一那日，太阳没有出来以前去取水。太阳出来了，就晒曲。

到了正月十五，把曲捣成粉末，就用水浸着。

一般比例：一斗曲末，堆起尖量；八斗水可以消化一石米，根据米量来确定。依照坛子的大小，按这个比例增加，总之装到快满为止。

无论预备用多少米，都把米平均分作四份，从动手酿到酿成熟，总共只炊四次。

提前一天将米浸过隔夜放置，让米软透。正月底的一天，天快黑时，制酿酒的饭；只要煮成馈，不要做成"再馏饭"。

饭快熟的时候，先和好一些泥，放在酒坛子边上。馈熟了，就连甑带馈，一齐搬向坛子边上放下去；接着，赶快用酒耙在坛子里搅过两三遍。就用盆把坛子口盖上，用泥密封起来，不让它漏气；见到封泥有裂缝时，换过泥封……

过七天，加一次酘，一切步骤都要像初次一样。

四次酘完，再过二十八天，酒就熟了。

做这种酒，操作都必须在夜间，不要在白天做。四次下酘和第一次压酒的时候，都要将背朝着火，遮住火光，不要让火炬光照进坛子里。

酒熟了，就可以饮用了。如果不是急等着用，最好暂且封着摆下，到四月、五月来压，更好。压完，还用泥封着；需要时，再来压取。在不见直射光的屋里储存，也可以过夏天。

粟米酒的气味香而美，不比黍米酒差。贫穷的人家，宜于做这种粟米酒，因为黍米很贵很难得。

又造粟米酒

又造粟米酒法：预前细剉曲，曝令干，末之。正月晦日，日未出时，收水浸出。一斗曲，用水七斗。

曲发便下酿，不限日数；米足便休为异耳。自余法用，一与前同。

【译】另一种酿粟米酒的方法：事前预先把曲饼斫碎，晒干，捣成粉末。正月底，太阳没有出来以前，收水来浸曲。一斗曲，用七斗水浸着。

曲发了，就下酿，不要管日数；米够了，便停止，这是两点特殊的地方。其余方法、用具都和上面的相同。

粟米炉酒

作粟米炉酒法：五月、六月、七月中作之。倍美。

受两石以下瓮子，以石子二三升蔽瓮底。夜，炊粟米饭，即摊之令冷。夜得露气，鸡鸣乃和之。

大率：米一石，杀曲末一斗，春酒糟末一斗，粟米饭五斗。曲杀若少，计须减饭。

和法：痛挼令相杂。填满瓮为限。以纸盖口，瓶押上。勿泥之！泥则伤热。

五六日后，以手内瓮中看：冷，无热气，便熟矣。

酒停亦得二十许日。以冷水浇，筒饮之。酳^①出者，歇

---

① 酳（juān）：滤酒。

而不美。

魏武帝"上九醖①法奏"曰："臣县故令，九醖春酒法：用曲三十斤，流水五石。

"腊月二日渍曲。正月冻解，用好稻米……漉去曲滓便酿。

"法引曰：'譬诸虫，虽久多完'。三日一酿，满九石米，止。

"臣得法酿之，常善。其上清，滓亦可饮。

"若以九醖苦，难饮，增为十酿，易饮不病。……"

九醖用米九斛十酘用米十斛。俱用曲三十斤，但米有多少耳。治曲淘米，一如春酒法。

【译】酿粟米炉酒的方法：在五月、六月、七月里做，分外地好。

用一个容量在两石以下的坛子，在坛子底装上两三升石子。晚上，将粟米炊成饭，把饭摊冷。晚上可以得到露气，到半夜鸡鸣时，就和下曲去。

一般比例：用一石米，消化一斗曲。一斗春酒酒糟的粉末，五斗粟米饭。如果曲的消化力小，就要减少饭。

和酿的方法：用力搓揉，到完全混合。把坛子填塞满为止。用纸盖着坛子口，纸上用砖压着。不要用泥封！泥封就嫌太热了。

---

① 醖（yùn）：同"酝"。

五六天之后，把手放进坛子里试试看：如果是冷的，没有热气，就熟了。

这种酒，也可以放二十多天。饮时，在坛子外用冷水浇，用筒子吸着。如果滤出来饮，走了气，味道就不够美。

给魏武帝的"上九酝法奏"说："我县从前的一位县令，酿九酝春酒的方法：用三十斤曲，五石流水。

"十二月初二浸曲。正月解冻之后，用好稻米……滤去曲渣后就下酿。

"法引说：'譬诸虫，虽久多完。'三天下一次酿；下满了九石米，就停止。

"我得到他的方法，照样酿造，也常常很好。上面是清的，渣滓也还可以饮用。

"如果嫌九酝苦了，难饮，增加到十酿，容易饮，没有毛病……"

九酝用九斛米，十酝用十斛米。曲都只用三十斤，不过米有多有少。整曲和淘米，一切方法和春酒一样。

浸药酒

浸药酒法：——以此酒浸五茄①木皮，及一切药，皆有益，神效。

【译】酿制浸药用酒的方法：——用这种酒浸五加皮，及一切药，都有益，效验如神。

---

① 茄：通"加"。

用春酒曲及笨曲，不用神曲。糠沈埋藏之，勿使六畜食。

【译】用春酒曲及笨曲，不用神曲。……

治曲

治曲法：须斫去四缘、四角，上下两面，皆三分去一。孔中亦剜去。然后细到，燥曝，末之。

大率：曲末一斗，用水一斗半；多作，依此加之。

酿用黍，必须细晒。淘欲极净，水清乃止。

用米亦无定方，准量曲势强弱。然其米要须均分为七分：一日一酘，莫令空阙。阙，即折曲势力。

七酘毕，便止。熟即押出之。

春秋冬夏皆得作。茹瓮厚薄之宜，一与春酒同；但黍饭摊使极冷。冬即须物覆瓮。

其斫去之曲，犹有力，不废余用耳。

【译】处理酒曲的方法：曲饼四边缘，四只角，上下两面，都要切掉三分之一，孔里面也要剜掉。然后再切碎，晒干，捣成粉末。

一般比例：一斗曲末，用一斗半水；要多做，依这个比例增加。

用黍米酿，一定要舂得很精细。淘洗也要极干净，水清了才罢手。

用米也没有一定方式，按照曲势强弱斟酌。不过，打算用的米，总要平均分作七份，每一天酘下一份，不要有一次空缺。如果空缺了，曲势的效果也会打折。

七次的酘都下完之后，就停止。等熟了再押出来。

春、夏、秋、冬四季都可以做。酒坛子外面包裹层的厚薄，一切都和酿春酒的情形是一样的；不过黍饭要摊到完全冷透。冬天，就要用厚些的东西盖在坛子上面。

斫下来的曲边，仍有余力，可以供给其他的用途。

胡椒酒

《博物志》胡椒酒法：以好春酒五升；干姜一两，胡椒七十枚，皆捣末；好美安石榴五枚，押取汁。皆以姜椒末，及安石榴汁，悉内着酒中，火暖取温。亦可冷饮。亦可热饮之。

温中下气。若病酒，苦，觉体中不调，饮之。

能者四五升，不能者可二三升从意。若欲增姜椒亦可；若嫌多，欲减亦可。欲多作者，当以此为率，若饮不尽，可停数日。

此胡人所谓荜拨酒也。

【译】《博物志》所载的"胡椒酒法"：用五升好春酒；一两干姜、七十颗胡椒，捣碎成末；好的甜安石榴五个，榨取汁。把姜和胡椒末、安石榴汁，一齐加到酒里面，用火烫到温暖。可以冷饮，也可以热饮。

这种酒，能够温中下气。如果喝醉酒醒来之后，觉得身体内部不舒服，就喝点这样的酒。

能多饮酒的人，可以饮到四五升；不能多饮的，可以饮两三升，随自己的意思。如果想增加姜椒的分量也可以；若是嫌多，想减少些也可以。想多做些，可以照这个比例配合。一次没有饮完，可以放好几天。

胡人所谓的"荜拨酒"，就是这个。

白醪①酒

《食经》："作白醪酒法：生秫米一石；方曲二斤，细剉。以泉水渍曲，密盖。再宿，曲浮起。炊米三斗酘之，使和调。盖满五日，乃好，酒甘如乳。九月半后可作也。"

【译】《食经》里记载："做白醪酒的方法：一石生秫米；两斤方曲，斫碎用。用泉水浸着曲，密盖着。过两夜，曲浮了起来。这时，炊熟三斗米酘下去，搅和均匀。盖好，满了五天，就熟了，酒像奶一样甘甜。九月半以后可以做。"

白醪

作白醪法：用方曲五斤，细剉。以流水三斗五升，渍之，再宿。

炊米四斗，冷，酘之，令得七斗汁。

凡三酘；济，令清，又炊一斗米酘酒中。搅令和解。

四五日，黍浮，缥色上，便可饮矣。

【译】做白醪的方法：用五斤方曲，斫碎。浸在三斗五升流水里，过两夜。

---

① 醪（láo）：浊酒。

炊四斗米，等饭冷透了，酘下去，让整个酿汁保有七斗的分量。

一共下三次酘；酘完，等它清了之后，再炊一斗米酘下去。搅拌，调和，让酘下的饭散开。然后密封。

过四五天后，黍饭浮了起来，青色也泛上来了，就可以饮用了。

冬米明酒

冬米明酒法：九月渍精稻米一斗，捣令碎末；沸汤一石浇之。曲一斤，末，搅和。三日极酢，合三斗酿米炊之，气刺人鼻，便为大发。搅，成。用方曲十五斤，酘之米三斗、水四斗，合和酿之也。

【译】冬天酿米明酒的方法：九月间，浸上一斗极精的稻米，捣碎成末；用一石沸汤浇下。一斤曲，捣成末，搅和，过三天，很酸了，和上三斗酿米炊，有刺鼻的气味发出，就是大发。搅和，就成了。再用十五斤方曲，酘下三斗米、四斗水，合和起来酿。

夏米明酒

夏米明酒法：秫米一石，曲三斤，水三斗渍之。炊三斗米酘之；凡三济。出炊一斗酘酒中，再宿黍浮，便可饮之。

【译】夏天酿米明酒的方法：一石秫米。三斤曲，用三斗水浸着。炊三斗米酘下去；一共酘三次。完了之后，再炊一斗酘下去，过两夜，饭浮起来就可以饮用了。

清酒

朗陵何公夏封清酒法：细剉曲如雀头，先布瓮底。以黍一斗，次第问水五升浇之。泥。着日中，七日熟。

【译】朗陵何公夏天封坛酿清酒的方法：把酒曲切碎，切到像麻雀头大小，放在坛子底。每次下一斗饭，依次用五升水浇下。用泥封闭。搁在太阳底下晒，七天便成熟了。

愈疟酒 [①]

愈疟酒法：四月八日作。用米一石，曲一斤，捣作末，俱酘水中。酒酢，煎一石取七斗，以曲四斤。须浆冷，酘曲。一宿，上生白沫。起。炊秫一石，冷酘中，三日酒成。

【译】酿愈疟酒的方法：四月初八那日做。用一石米，一斤曲，捣成末，都酘到水里面。等到酒酸了，煎沸，酿一石干成七斗。再加四斤曲。等到煎的浆水冷了，将曲酘下。过一夜。上面浮出白泡沫。这就是发起了。再炊一石秫米，饭冷了，酘下去。三日后酒就成了。

酃酒 [②]

作酃酒法：以九月中，取秫米一石六斗，炊作饭。以水一石，宿渍曲七斤。

---

① 愈疟酒：一种药酒，主治各种疟疾。

② 酃（líng）酒：酃湖之酒，以其酿酒之水取自酃县（衡阳在西汉至东晋时期称酃县）湘江东岸耒水西岸的酃湖而得名。在北魏时就成为宫廷的贡酒，而且还被历代帝王祭祀祖先作为最佳的祭酒。中国古代十大贡酒之一，也是中国历史上最早的名酒，至今已有千年的历史。《后汉书》记载："酃湖周回三里，取湖水为酒，酒极甘美。"

炊饭令冷，酘曲汁中。

覆瓮多用荷箬①，令酒香；燥复易之。

【译】酿郫酒的方法：九月里，取一石六斗秫米，炊成饭。另外，用一石水、浸七斤曲放一夜做准备。

炊的饭让它冷透，酘到曲汁里。

盖住坛子口，要多用些荷叶或箬叶，可以使酒更香；如果叶子干了就更换。

和酒

作和酒法：酒，一斗，胡椒六十枚，干姜一分，鸡舌香②一分，荜拨③六枚。下簁，绢囊盛，内酒中。一宿，蜜一升和之。

【译】酿和酒的方法：一斗酒，六十颗胡椒、一份干姜、一份丁香、六个荜拨，都捣成粉，筛过，用绢袋盛住，放在酒里面。过一夜，加一升蜜，调和。

鸡鸣酒

作夏鸡鸣酒法：秫米二斗，煮作糜；曲二斤，捣；合米和令调。以水五斗渍之；封头。今日作，明旦鸡鸣便熟。

【译】酿夏天的"鸡鸣酒"的方法：两斗秫米，煮成粥；两斤酒曲，捣成粉；加到米里面，调和均匀。用五斗水浸着；封住坛子口。今天酿，明天鸡叫的时候便熟了。

---

① 箬（ruò）：一种竹子，叶大而宽，可编竹笠，又可用来包粽子。

② 鸡舌香：丁香。

③ 荜拨：果穗可入药。产于云南、广东、广西等地。

櫁^①酒

作櫁酒法：四月，取櫁叶，合花采之。还，即急抑著瓮中。六七日，悉使乌熟；曝之，煮三四沸，去滓，内瓮中。下曲。炊五斗米。日中。可燥手一两抑之。一宿，复炊五斗米酘之，便熟。

【译】酿櫁酒的方法：四月间，取櫁叶，连花一并采回来，就赶快按到酒坛子里去。过六七天以后，全部都发黑熟透了；晒干，煮三四沸，不要渣，放进坛子里。下曲。炊五斗米饭酘下去。在太阳里晒着。擦干手，把浮面的东西压下去一两回。过一夜，再炊五斗米饭酘下去，就熟了。

柯柂^②酒

柯柂酒法：二月二日，取水；三月三日，煎之。先搅曲中水。一宿，乃炊秫米饭，日中曝之。酒成了。

【译】酿柯柂酒的方法：二月初二取水；三月初三，把取得的水煮沸。先把酒曲搅和到水里。过一夜，炊些秫米饭酘下去，放在太阳里晒着。酒就做成了。

---

① 櫁（shěn）：木名。

② 柯柂（lí）：古代一种酒名。

法酒 ^①

黍米酒

黍米法酒：预剉曲，曝之，令极燥。三月三日，秤曲三斤三两，取水三斗三升浸曲。

经七日，曲发，细泡起。然后取黍米三斗三升，净淘——凡酒米，皆欲极净，水清乃止；法酒尤宜存意！淘米不得净，则酒黑。——炊作再馏饭。摊使冷，着曲汁中，搦黍令散。两重布盖瓮口。

候米消尽，更炊四斗半米，酘之。每酘，皆搦令散。

第三酘，炊米六斗。自此以后，每酘以渐加米。瓮无大小，以满为限。

酒味醇美，宜合醅饮之。

饮半，更炊米重酘如初，不着水曲，唯以渐加米，还得满瓮。

竟夏饮之，不能穷尽，所谓神异矣。

【译】酿黍米法酒的方法：预先将酒曲切碎，晒到极干。三月初三，从这样切碎晒干了的酒曲中，称出三斤三两来，用三斗两升水浸着。

过了七天，曲发了，起了细泡。这时，取三斗三升黍

① 法酒：依一定的配方，调制酿造的酒，称为"官法酒"，简称"法酒"。

米，淘洗干净——凡酿酒用的米，都要淘洗干净，到淘米水清了才罢手；酿法酒更要留意！米没有淘净，酿得的酒就是黑的。炊成"再馏饭"。将饭摊冷，放到曲汁里，把团块捏散。坛子口用两层布盖住。

等到米消化完了，再炊四斗半米，酘下去。每次酘下的饭，都要捏散。

第三酘，炊六斗米。从这次以后，每次酘下的米，分量要逐渐增加。不管坛大坛小，总之，要酘到坛满为止。

此酒的酒味醇厚甘美，应当连糟一起饮用。

饮到一半，再炊些米，像初酿时一样地酘下去，不必再加水和曲，只逐渐加米，又可以得到满坛的酒。

整个夏天一直饮着，不会饮完，所以称为"神异"。

当梁酒

作当梁法酒：当梁下置瓮，故曰"当梁"。以三月三日，日未出时，取水三斗三升，丁曲末三斗三升。炊黍米三斗三升，为再馏黍，摊使极冷。水，曲，黍，俱时下之。

三月六日，炊米六斗酘之。三月九日，炊米九斗酘之。

自此以后，米之多少，无复斗数，任意酘之，满瓮便止。

若欲取者，但言"偷酒"，勿云"取酒"。假令出一石，还炊一石米酘之；瓮还复满，亦为神异。

其糠、沈，悉写坑中，勿令狗鼠食之。

【译】酿"当梁酒"的方法：应当正对着梁下面放酒

坛，所以称为“当梁”。在三月初三那日，太阳未出来以前，取三斗三升水、三斗三升干曲粉。将三斗三升黍米，炊成“再馏饭”，摊开冷透。连水带曲和饭，一起下到酒坛里。

三月初六，炊六斗米酘下去。三月初九，又炊九斗米酘下去。

从这以后，米多少都行，不必再问斗数，随意酘下去，总之坛满了就停止。

如果要取酒，只可以说是“偷酒”，不要说“取酒”。假使取出一石酒，便再炊一石米的饭酘下去；酒坛又还是满的，这也就是“神异”的地方。

所有糠和淘米水，都倒到坑里，不要让狗或老鼠吃到。

粳米酒

粳米法酒：糯米大佳。

三月三日，取井花水[①]三斗三升，绢筛曲末三斗三升，粳米三斗三升。晚稻米佳；无者，早稻米亦得充事。再馏弱炊，摊令小冷。先下水、曲，然后酘饭。

七日，更酘，用米六斗六升。二七日，更酘，用米一石三斗二升。三七日，更酘，用米二石六斗四升，乃止。量酒备足，便止。

合醅饮者，不复封泥。

---

① 井花水：清早从井里第一次汲出来的水，称为“井花水”。

令清者，以盆盖密泥封之。经七日，便极清澄；接取清者，然后押之。

《食经》："七月七日作法酒方：一石曲，作'燠①饼'：编竹瓮下，罗饼竹上，密泥瓮头。二七日，出饼，曝令燥，还内瓮中。一石米，合得三石酒也。"

【译】酿粳米法酒的方法：糯米最好。

三月初三，取三斗三升"井花水"，三斗三升用绢筛筛过的曲末，三斗三升粳米。晚稻米最好；如没有，早稻米也可以用。再馏，炊软，摊到稍微冷些。先将水和曲下到坛子里，然后酘饭下去。

过了七天，再酘一次，用六斗六升米。第二个七天之后，再酘，用一石三斗两升米。第三个七天之后，再酘，用两石六斗四升米，便停止。估量着酒已够足，就停手。

如果连糟一起饮用的，可不再用泥密封。

如果要清酒，就用盆盖着口，用泥密封。过七天，便会澄清下去；舀出上面的清酒，然后再压。

《食经》记载："七月七日做法酒的方法：一石曲，先做'燠饼'：在坛子底用竹子编成架，把曲饼放在架上，坛子口用泥密封，第二个七天之后，将曲饼取出来，晒干，仍旧放回坛子里。一石米，合共可以得到三石酒。"

---

① 燠（yù）：有暖、热之意。

又法酒方

又法酒方：焦麦曲末一石，曝令干。煎汤一石，黍一石，合揉令甚熟。

以二月二日收水，即预煎汤，停之令冷。

初酘之时，十日一酘。不得使狗鼠近之；于后无苦。或八日、六日一酘，会以偶日①酘之，不得只日。二月中，即酘令足。

常预煎汤，停之；酘毕，以五升洗手，荡瓮。

其米多少，依焦曲杀之。

【译】另一个酿法酒的方法：用一石焦曲末，晒干。烧一石开水和一石黍米，与曲末一同搓揉到很黏熟。

在二月初二，收取一些水，就预先把水烧开，放置让它变冷。

第一次下酘时，隔十天一酘。……或者隔八天、六天下，总之在偶数的天数酘下，不要用单数的日子。二月中，就要酘下足够的米。

总要预先烧好一些开水，放冷些；饭酘完，用五升冷开水洗手，随后将坛边黏住的饭荡下去。

用多少米，依焦曲的消化力决定。

三九酒

三九酒法：以三月三日，收水九斗，米九斗，集曲末九

---

① 偶日：即偶数的日子，与奇数的日子相对。

斗，先曝干之，一时和之，揉和令极熟。

九日一酘。后五日一酘；后三日一酘。勿令狗鼠近之。会以只日酘，不得以偶日也。使三月中即令酘足。

常预作汤，瓮中停之。酘毕，辄取五升，洗手荡瓮，倾于酒瓮中也。

【译】酿三九酒的方法：在三月初三，收取九斗水，九斗米，九斗焦曲末，先要晒干，同时和好，搓揉得极熟。

隔九天，酘一次。以后，五天酘一次；再三天酘一次。不要让狗和老鼠接近。总之，要在单数日子酘下，不能用双数日子。并且要在三月中，酘到足够。

总要先烧些开水，放在坛中搁着。酘完，就取五升冷开水，洗手荡坛后，都倒到酒坛中去。

酒酢

治酒酢法：若十石米酒，炒三升小麦，令甚黑。以绛帛再重为袋，用盛之，用筑①令硬如石，安在瓮底。经二七日后，饮之，即迴。

【译】处理酒发酸的方法：如果有十石米的酒，就炒三升小麦，要炒得很焦、很黑。用红绵绸，做成两重的口袋，把炒麦装进去，周围筑紧，让它和石子一样硬，放在坛底。过了两个七天之后，再喝时，味道就回转了。

---

① 筑：木杵。

白堕①

大州白堕曲方饼法：谷三石（蒸两石，生一石），别硙②之，令细，然后合和之也。

桑叶、胡葈叶、艾各二尺围，长二尺许；合煮之，使烂。去滓取汁，以冷水和之，如酒色；和曲。燥湿，以意酌量。

中，捣三千六百杵。讫，饼之。

安置暖屋。床上先布麦稭，厚二寸，然后置曲；上亦与稭二寸覆之。闭户，勿使露见风日。

一七日，冷水湿手拭之令遍，即翻之。

至二七日，一例侧之。三七日，笼之。四七日，出置日中，曝令干。

【译】大州白堕酒的方饼曲制法：用三石谷子（两石蒸熟，一石生的），分别磨成细粉，然后再混和起来。

桑叶、苍耳叶、艾蒿，每样都用两尺围、两尺长的一捆；合起来煮到烂。把渣去掉，取得汁，用冷水调和，让颜色稀释到和酒的颜色一样；用来和曲。和的干或湿，随自己的意思决定。

在太阳下，捣三千六百杵。捣完，做成饼。

准备一间暖屋子，在架上先铺上两寸厚的麦稭，然后放上曲

---

① 白堕（duò）：人名。相传刘白堕为南北朝时善酿酒之人，其酿制之酒用口小腹大的瓦罐装盛，放在烈日下暴晒，十天以后，罐中的酒味不变，喝起来非常醇美。永熙年间，有一位叫毛鸿宾的人携带这种酒上路，遇到盗贼，盗贼喝了这种酒，立即醉倒，后被擒拿归案，因此这种酒又被称作"擒奸酒"。

② 硙（wèi）：磨；使物粉碎；同"碨"。

饼；曲饼上，再铺两寸厚的麦秸。关上门，不要露风或见到阳光。

过了七天，用冷水蘸湿手，将每饼干曲都抹一遍，再翻转来。

到第二个七天以后，每饼都侧转来竖着。到第三个七天后，堆积起来。到第四个七天，拿出来在太阳下面晒干。

酒

作酒之法：净削，刮去垢；打碎，末，令干燥。

十斤曲，杀米一石五斗。

【译】酿酒的方法：将曲削净，刮掉尘垢；打碎，捣成粉末，让它干燥。

十斤曲，可以消化一石五斗米。

桑落酒

作桑落酒法：曲末一斗、熟米二斗。其米，令精细。净淘，水清为度。用熟水一斗，限三酘便止。渍曲。候曲向发，便酘，不得失时，勿令小儿人狗食黍。

【译】酿桑落酒的方法：一斗曲末、两斗熟米。米，要舂得很精很细。淘洗干净，水清为止。用一斗热水浸着曲，下三次酘便停止等曲快要发动时，赶紧下酘，不要错过时候。不能让小孩或狗吃酿后的米。

春酒

作春酒：以冷水渍曲；余各同冬酒。

【译】酿春酒的方法：只是用冷水浸曲，其余的步骤都和酿冬酒一样。

黄衣、黄蒸及糵

黄衣①

作黄衣法：六月中，取小麦，净淘讫，于瓮中以水浸之令醋。漉出，热蒸之。

槌箔上敷蓆②，置麦于上，摊、令厚二寸许。

预前一日，刈薍③叶，薄覆。

无薍叶者，刈胡枲，择去杂草，无令有水露气，候麦冷，以胡枲覆之。

七日，看黄衣色足，便出；曝之，令干。

去胡枲而已，慎勿扬簸！齐人喜当风扬去黄衣，此大谬！凡有所造作，用麦者，皆仰其衣为势④；今反扬去之，作物必不善矣。

【译】做"黄衣"的方法：六月中，将小麦淘洗干净

① 黄衣：衣，指菌类的繁殖分布，俗有"生衣""上衣"之称。黄衣，指其色素为黄色。由于菌丝体、子囊柄或孢子囊呈黄色的是好曲，故以"曲衣"称黄色的衣服，并以"曲尘"代表黄色。

② 蓆（xí）：同"席"。用草或苇子编成的成片的东西，古人用以坐、卧，现通常用来铺床或炕等。

③ 薍（wàn）：初生的荻称"薍"。荻（dí），多年生草本植物，生在水边，叶子长形，似芦苇，秋天开紫花，茎可以编席箔。

④ 皆仰其衣为势：做酱主要借助于霉菌的糖化和水解蛋白质作用，现在反而把这些东西（所谓"衣"）簸去，则酵解作用大减，成品质量必然差。

后，用水在坛子里浸到发酸。滤出来，蒸得热热的。

在架上的席箔面上，铺上蒸过的麦粒，摊开来，成为约两寸厚的层。

提前一天割下一些苇叶；这时用来薄薄地盖在麦上。

没有苇叶，可以用割下的苍耳并拣掉杂草，不要让它有水或者露珠；等麦变凉了，用苍耳盖上。

七天后，看看黄衣颜色够了，就取出来，晒干。

只要把苍耳撤掉，千万不可簸扬！齐郡的人，喜欢顶着风把黄色的衣簸掉，这是极大的错误。凡酿造时要用到稞麦的，都要靠稞麦上的黄衣来发力；现在反而簸掉，制作的成品便一定不会好了。

黄蒸 [1]

作黄蒸法：六七月中，晒生小麦，细磨之。以水溲而蒸之，——气馏好，熟便下之。摊令冷。

布置，覆盖，成就，一如麦䴷 [2] 法。

亦勿扬之，虑其所损。

【译】做黄蒸的方法：六七月里，将生小麦舂好，磨细。用水调和过，蒸，——气馏好，熟了，就取下来。摊开冷透。

用韦叶盖覆，以及成熟过程，都和麦䴷一样。

---

① 黄蒸：是带麸皮的面粉做成的酱曲，与整粒的麦做成的"黄衣"不同。

② 䴷（hún）：这里同"稞"，即稞麦。

也不可以簸扬，恐怕损伤它的酵解力。

糵①

作糵法：八月中作。盆中浸小麦，即倾去水，日曝之。一日一度著水。即去之。

脚②生，布麦于席上，厚二寸许。一日一度，以水浇之。

牙生便止。即散收，令干。勿使饼！饼成，则不复任用。

此煮白饧③糵；若煮黑饧，即待牙④生青⑤成饼⑥，然后以刀劙⑦取干之。

欲令饧如琥珀色者，以大麦为其糵。

《孟子》曰："虽有天下易生之物，一日曝之，十日寒之，未有能生者也。"

【译】做糵米的方法：八月里做。将小麦粒浸在盆里，多余的水倒掉，在太阳下晒着。每天用水浸一遍，随即就把水倒掉。

---

① 糵（niè）：生芽的米。

② 脚：指幼根，麦粒萌发时，第一步出来的并排三点幼根，像脚趾一样。

③ 饧（xíng）：把淀粉质的原料经发酵、滤渣后的糖化液汁煎成的稠厚饴糖。

④ 牙：指芽鞘和真叶。初出的麦芽，是白色的。

⑤ 生青：是生成了叶绿素，转变成青色。

⑥ 成饼：是指根纠结成一片。

⑦ 劙（lí）：刮，抠。

麦粒长根后，铺开在席上，铺成两寸厚的层。每天浇一次水。

芽长出来了，就不要再浇水。就在此时，分散开来收下，让它变干；不要让根纠结成饼，成了饼，就不好用了。

这样做成的蘖，是煮白饧用的。如果要煮黑饧，便要等到麦芽变成青色，纠结成饼，再用刀刮，取干燥的。

想做琥珀色饧，用大麦制作蘖米。

《孟子》里有这么一句话："天下再容易生长的东西，如果让它晒一天，冷十天，也再也不会生长了。"

常满盐、花盐

常满盐

造常满盐法：以不津瓮^①——受十石者—— 一口，置庭^②中石上。以白盐满之，以甘水^③沃之；令上恒有游水。

须用时，挹取，煎即成盐。

还以甘水添之；取一升，添一升。

日曝之，热盛，还即成盐，永不穷尽^④。

风尘阴雨，则盖：天晴净，还仰^⑤。

若用黄盐咸水者，盐汁则苦；是以必须白盐甘水。

【译】制造"常满盐"的方法：用一只不渗漏的坛子——可以盛十石的——放在院子里的石块上。坛子里放满白盐，灌上一些甜水；让盐上面常常有着一层漂着的水。

要用时，臼出上面的清盐水来，煮干，就成了盐。

再添些甜水下去；每取出一升，就添入一升。

太阳晒着，够热了，就会成为盐，永远不会用完。

刮风，有尘土飞扬、阴雨天气时，就盖上；天晴干净时，

---

① 不津瓮：不渗漏的坛子。

② 庭：这里指院子。

③ 甘水：溶存盐分较少的水。

④ 永不穷尽：形容慢慢地食用，可以较为经久的意思。

⑤ 仰：不加覆盖。

便不加覆盖。

如果用的黄盐和咸水，盐汁会有苦味，所以一定要用白盐和甜水。

花盐、印盐

造花盐、印盐法：五六月中，旱时，取水二斗，以盐一斗投水中，令消尽，又以盐投之。水咸极，则盐不复消融。

易器淘治沙汰①之。澄去垢土，泻清汁于净器中。盐滓甚白，不废常用，又一石还得八斗汁，亦无多损。

好日无风尘时，日中曝令成盐。浮，即接取，便是"花盐"；厚薄光泽似钟乳②。

久不接取，即成"印盐"：大如豆，正四方，千百相似。成印辄沈，漉取之。

花、印二盐，白如珂雪③，其味又美。

【译】制造花盐、印盐的方法：五月、六月中，天不下雨时，取两斗水，搁一斗粗盐进去，让它溶解。溶解完后，再搁粗盐。水咸到不能再咸时，盐就不再溶解。

换一个容器淘洗，撇掉轻浮的脏东西。所得盐水，澄去泥土灰尘，将清液倒在一个干净的容器里。经过这样处理后，水底下沉着的盐，已很白净，可以做寻常家用。此外，

---

① 淘治沙汰：将粗盐水中轻浮的灰尘和泥渣等撇掉。淘，和水搅洗。治，清理。沙汰，是借助比重的差别，将水中的固体分层处置。

② 钟乳：钟乳石，是碳酸钙结晶的条棒。

③ 珂雪：形容印盐的色泽白而光莹。珂，一种白色的玉。

一石盐，至少可以收回八斗，损失并不太多。

　　太阳好，没有风，没有尘土时，将这样的盐溶液晒着，就可以得到盐，浮在水面上随即撇出来的，称为"花盐"；它的光彩和厚薄，和作药用的钟乳石粉相似。

　　如果不把花盐撇去，时间久了，就会生成"印盐"，像豆子大小的颗粒，正四方形，几百成千颗，彼此相像。生成的印盐就会沉到底部去，取时需要滤一下。

　　花盐、印盐，都像玉石雪花一样洁白，味道也好。

作酱法

豆酱

十二月正月，为上时；二月为中时；三月为下时。

用不津瓮：瓮津则坏酱。常为菹酢者，亦不中用之。置日中高处石上。夏雨，无令水浸瓮底。以一鉎①鏉②一本作"生缩③"——铁钉子，皆岁杀钉着瓮底石下。前虽有妊娠妇人食之。酱亦不坏烂也。

用春种乌豆，春豆粒小而均；晚豆粒大而杂。于大甑中燥蒸④之。气馏半日许。复贮出，更装⑤之：迥在上居下，不尔，则生熟不多调均也。气馏周徧，以灰覆之，经宿无令火绝。取干牛屎，圆累，令中央空，然之不烟，势类好炭。若能多收，常用作食，既无灰尘，又不失火，胜于草远矣。

齧⑥，看：豆黄⑦色黑极熟，乃下。日曝取干。夜则聚覆，无令润。

---

① 鉎（shēng）：铁锈。

② 鏉（shòu）：锋利。

③ 生缩：疑指生锈。

④ 燥蒸：将干豆子，不另加水，在甑裹蒸。

⑤ 更装：倒过来装上再蒸。

⑥ 齧（niè）：啃、咬的意思。

⑦ 豆黄："乌豆"，是种皮黑色的黑大豆。黑皮大的种仁，仍是黄色，所以称为"豆黄"；豆黄经过长久蒸煮，接触空气后，颜色可以变得很深暗。

临欲舂去皮，更装入甑中，蒸，令气馏则下。一日曝之。

明旦起，净簸，择；满臼舂之而不碎。若不重馏，碎而难净。

簸，拣去碎者。作热汤，于大盆中浸豆黄。良久，淘汰，挼去黑皮，汤少则添；慎勿易汤！易汤则走失豆味，令酱不美也。漉而蒸之。淘豆汤汁，即煮碎豆，作酱，以供旋食①。大酱则不汁。一炊顷，下，置净席上，摊令极冷。

预前，日曝白盐，黄蒸、草蒿、麦曲，令极干燥。盐色黄者，发酱苦；盐若润湿，令酱坏。黄蒸令酱赤美；草蒿令酱芬芳。蒿，挼，簸去草土；曲及黄蒸，各别捣末，细筛。马尾罗弥好。

大率：豆黄三斗，曲末一斗，黄蒸末一斗，白盐五升，蒿子三指一撮。盐少令酱酢；后难加盐，无复美味。其用神曲者，一升当笨曲四升，杀多故也。

豆黄堆量，不槩②；盐曲轻量，平槩。

三种量讫，于盆中，面向"太岁"和之，向太岁，则无蛆虫也。均调；以手痛挼，皆令润彻。

亦面向太岁，内著瓮中。手挼令坚，以满为限——半则难熟。

盆盖密泥，无令漏气。

---

① 旋食：随时就吃，不准备储存。

② 槩（gài）：用升斗斛等量器，量干燥物体如粮食、果实等时，要用一个小器具，把量器口上的"堆尖"括去。这个小器具，就称为"槩"。

　　熟便开之。腊月，五七日；正月、二月，四七日；三月，三七日。当纵横裂，周迥离瓮，彻底生衣。悉贮出，搦破块，两瓮分为三瓮。

　　日未出前，汲井花水，于盆中以燥盐和之。率：一石水，用盐三斗，澄取清汁。

　　又取黄蒸，于小盆内减盐汁浸之。挼取黄沈，漉去滓，合盐汁泻著瓮中。率：十石酱，用黄蒸三斗。盐水多少，亦无定方；酱如薄粥便止。豆乾，饮水故也。

　　仰瓮口曝之。谚曰："蕤蕤①葵，日干酱。"言其美矣。

　　十日内，每日数度，以杷彻底搅之。

　　十日后，每日辄一搅。三十日止。

　　雨，即盖瓮，无令水入！水入则虫生。每经雨后，辄须一搅解②。

　　后二十日，堪食；然要百日始熟耳。

　　《术》曰："若为妊娠妇人坏酱者，取白叶棘子③著瓮中，则还好。"俗人用孝杖搅酱及炙瓮，酱虽回，而胎损。

　　乞④人酱时，以新汲水一盏和而与之，令酱不坏。

　　【译】做酱十二月、正月，是最好的时候；二月，是中等时令；三月已是最迟。

---

①　蕤（ruí）：草木的花下垂的样子。

②　解：在某种物体中加入水液来冲调叫作"灡"，包括温度、浓度、气味等。

③　棘：酸枣，落叶灌木或小乔木，又名"棘"。

④　乞：给。

用不渗漏的坛子：如果坛子渗漏，酱就会坏。曾经酿过醋或做过腌酸菜的坛子，也不可以用。放在太阳能晒到的、高处的石头上。夏天下雨时，不要让雨水浸着坛底……

用春天下种的黑大豆做材料，春天种的大豆，豆粒小，而且很均匀；种得晚的，粒大些但不齐整。在大甑里面干蒸。让水汽通过，约半天光景。倒过来装上再蒸一遍；让原来在上面的转到下面。如果不这样，就会有些生有些熟，多半不会均匀。豆子四周全部气馏到，然后用灰把火盖住，整夜不要让火熄灭。用干牛粪，堆成圆堆，让中心空着；这样，烧着之后没有烟，火力像好炭一样。要是能够大量收积，常常烧来烹煮食物，既没有灰尘，又不会嫌过火，比烧草好得多。

咬开来看：如果豆黄颜色黑了，又熟透了，就取下来，在太阳下一直晒到干透为止。晚上聚集着，盖上，不要让它潮湿。

到要把皮春掉时，再装到甑里蒸，让水汽上去，再取下。晒一天。

第二天早晨，簸净，择取；装满白来春，不会碎。如果不这么再馏一下，直接去春，容易碎，而且不容易干净。

春过，再簸，拣掉破碎了的。烧上热水，把豆黄在大盆里浸着。过很久，淘洗，搓掉黑皮。如果热水不够，可以添一些；千万不要倒掉换水！如果换水，会走失豆味，酱的味道也就不好了。滤出来，蒸。淘洗豆子所得的汤汁，就用来煮零碎的豆子，做成酱，用作随即食用的食品。做大酱不需要用汤汁。大约像做一顿饭那么久，取下来，放在干净的席子上，摊开，让它冷透。

事前，预先将白盐、黄蒸、草蒿子、麦曲，在太阳下晒到干透燥透。盐的颜色如果是黄的，做成的酱就会带苦味儿；盐如果是湿的，酱容易变坏。用黄蒸，可以使酱颜色发红；草蒿子能使酱具有芳香的味道。草蒿子，揉搓过，簸掉杂草和泥土。麦曲和黄蒸分别捣成粉末并过筛。用马尾箩筛，效果特别好。

一般的比例：三斗豆瓣、一斗曲末、一斗黄蒸末、五升白盐、草蒿子只要三个手指头所抓起的那么多。盐少，酱会酸；以后再加盐，也不会有好的味道。如果用神曲，一升神曲可以当四升笨曲用，因为它的消化力强。

豆黄堆尖量，不要括平；盐和曲，松松地量，括平。

三种都量好，在盆里拌和，搅到均匀；用手使劲搓揉，使样样原料都湿透。

……用手按紧，务必要满，如果半满不容易熟。

用盆盖着坛口，用泥密封着，不让漏气。

熟了便开封。腊月，需要三十五天；正月、二月，需要二十八天；三月，需要二十一天便可以成熟。坛里会纵横开裂，周围也离开坛边，到处都长满了衣。全都掏出来，捏破，把两坛的原料，分作三坛。

在太阳没出以前，汲出"井花水"，在盆里加入干盐。比例是一石水用三斗盐。溶后，搅匀，澄清，取上面的清盐汁来用。

另外取一些黄蒸，在小盆里，用清盐汁浸着。用手搓揉，取得黄色的浓汁，滤掉渣，加入盐汁，一起倒进坛里。大概的比例为：十石酱，用三斗黄蒸。用多少盐水，倒不一定。总之，把酱调和到像稀糊糊一样就可以了。因为豆瓣干了，会吸收水分。

敞开坛口，让太阳晒。俗话说："软沓沓的葵菜，太阳晒的干酱。"都是说好吃的东西。

初晒的十天，每天都要用耙彻底地搅几遍。

十天以后，每天搅一遍。到满了三十天，才停手。

如遇下雨就盖上坛子，不要让水进去。进了水就会生虫。每过一次雨之后，就要搅开澌一回。

过了二十天，就可以吃了。但总要满一百天，才真正熟透。

……

肉酱[①]

肉酱法：牛、羊、獐、鹿，兔肉，皆得作。取良杀[②]新

[①] 肉酱：做酱的特点是利用微生物营水解蛋白质作用，产生氨基酸，因而产生鲜味。大概最早的酱是利用鱼、肉类动物蛋白质做成的，后来才发展为利用植物蛋白质的豆酱。

[②] 良杀：指现杀的、活杀的。

肉，去脂细剉。陈肉干者不任用。合脂，令酱腻。

晒曲令燥，熟捣绢筛。

大率：肉一斗，曲末五升，白盐二升半，黄蒸一升。曝干，熟捣，绢筛。

盘上和令均调，内瓮子中，有骨者，和讫先捣，治后盛之。骨多髓，既肥腻，酱亦然也。泥封日曝。

寒月作之，宜埋之于黍穰积中。

二七日，开看。酱出[①]，无曲气，便熟矣。

买新杀雉，煮之令极烂，肉销尽。去骨，取汁。待冷，解酱。鸡汁亦得。勿用陈肉，令酱苦腻。无鸡雉，好酒解之。还着日中。

【译】做肉酱的方法：牛肉、羊肉、獐肉、鹿肉、兔肉，都可以做。取现杀的好肉，去掉脂肪，切碎。干了的陈肉不适合用。连脂肪做，酱就嫌腻。

曲要晒干，捣细，用绢筛筛过。

一般的比例为：一斗肉，五升曲末，两升半白盐，一升黄蒸。晒干，捣细，绢筛筛过。

在盘子里拌和均匀，放进坛子里，有骨头的，和了先捣，盛进坛子。骨头里骨髓多，就很肥腻，酱也就会肥腻。坛子口用泥封上，搁在太阳下面晒着。

---

① 酱出：这个"酱"字，指肉类分解产物与食盐及酒精的浓混合溶液，也就是"酱"的原有意义。

如果冷天做，要埋在黍糠堆里面。

过了十四天，打开来看。酱已出来，没有曲的气味，就是成熟了。

买新杀死的雉，煮到极烂，肉都融化到汤里了，滤去骨头，取得汤汁。等冷了冲稀所得的酱。鸡汁也可以。总之不要用陈肉，用陈肉就会使酱太腻。没有鸡或雉，就用好酒瀹。再在太阳下晒。

卒^①成肉酱

作卒成肉酱法：牛、羊、獐、鹿、兔肉、生鱼^②，皆得作。

细剉肉一斗，好酒一斗，曲末五升，黄蒸末一升，白盐一升。曲及黄蒸，并曝干，绢筛。唯一月三十日停，是以不须咸，咸则不美。

盘上调和令均，捣使熟，还擘碎如枣大。

作浪中坑，火烧令赤。去灰，水浇，以草厚蔽之，令坩中才容酱瓶。

大釜中，汤煮空瓶令极热；出，干。

掬肉内瓶中，令去瓶口三寸许。满则近口者燋^③。碗盖瓶口，熟泥^④密封，内草中，下土^⑤。厚七八寸。土薄火炽，

① 卒：急速。

② 生鱼：与"干鱼"相对，即新鲜的鱼。

③ 燋（jiāo）：同"焦"。

④ 熟泥：和熟的泥。

⑤ 下土：在酱瓶上面盖上泥土。

则令酱燋，熟迟，气味美好。燋，是以宁冷不燋，食虽便不复中食也。

于上燃干牛粪火，通夜勿绝。明日周时，酱出便熟。若酱未熟者，远覆置，更燃如初。

临食，细切葱白，著麻油炒葱，令熟，以和肉酱，甜美异常也。

【译】快速成肉酱的方法：牛肉、羊肉、獐肉、鹿肉、兔肉和鲜鱼都可以。

一斗切碎了的肉，一斗好酒，五升曲末，一升黄蒸末，一升白盐。曲和黄蒸，都要先晒干，绢筛筛过。因为只可以保留一个月——三十天——所以不要太咸，咸了味道就不够鲜美。

在盘子里拌和均匀，捣到很熟，再掐碎，成为枣子大小的块。

在地里掘一个中间空的坑，用火烧红。把灰去掉，用水浇过，在坑里厚厚地铺上草，草中央留出一个"坩"，坩里面刚好可以下酱瓶。

在大锅里烧上开水，将空瓶煮到极烫；拿出来，晾干。

将肉灌进瓶里，到离瓶口三寸左右就不装了。装满了，靠近瓶口的肉就会烧焦。小碗盖住瓶口，用和熟了的泥封密，放进坑中的草中心，填上有七八寸厚的土。土墩薄，火旺时就会把酱烧焦。熟透了，气味特别好。如果烧焦，应宁可让它不熟，不可以让它烧焦。烧焦，就再也不能吃了。

在填的土上面，把干牛粪烧起来，保持一整夜不要熄灭。第二天，过了一整夜，酱渗出来，也就熟了。如果没有熟，再盖上填上，像前一次一样再烧一遍。

要吃时，将葱白切细，用麻油炒葱，炒熟后，和到肉酱里，便会非常甜美。

鱼酱

作鱼酱法：鲤鱼鲭鱼第一好，鳢鱼亦中。鲚鱼、鲇鱼即全作，不用切。去鳞，净洗，拭令干。如脍①法，披破缕切②之，去骨。

大率：成鱼一斗，用黄衣三升，一升全用，二升作末。白盐二升，黄盐则苦。干姜一升，末之。橘皮一合，缕切之。和令调均，内瓮子中，泥密封，日曝。勿令漏气。

熟，以好酒解之。

【译】做鱼酱的方法：最好是鲤鱼、鲭鱼，鳢鱼也可以用。如果用鲚鱼或鲇鱼，就整条地做，不要切。去掉鳞，洗干净，揩干。像做鱼肉丝一样，破开，切成条，挑去鱼刺。

一般的比例为：一斗已切成的鱼肉丝，用三升黄衣，一升整的，两升捣成粉末。两升白盐，用黄盐味便苦。一升干姜，捣成末。一合橘皮，切成丝。拌和均匀，放进坛里，用

---

① 脍：是"细切肉"，即极细的丝或极薄的片。

② 披破缕切：就是破开，切成条。披，是"劈开"。缕，是丝条。

泥将坛口密封。在太阳底下晒，不让它漏气。

鱼肉熟了之后，用好酒冲稀。

凡作鱼酱、肉酱，皆以十二月作之，则经夏无虫。余月亦得作；但喜生虫，不得度夏耳。

【译】凡做鱼酱、肉酱，都要在十二月里做，才可以过夏天，不生虫。其余各月也可以做；不过容易生虫，不能过夏天。

鲚鱼酱

干鲚鱼酱法：一名刀鱼。六月、七月，取干鲚鱼，盆中水浸，置屋里。一日三度易水，三日好净，漉、洗，去鳞，全作勿切。

率：鱼一斗，曲末四升，黄蒸末一升。——无蒸，用麦麸末亦得。——白盐二升半。于盘中和令均调。布置瓮子，泥封，勿令漏气。

二七日便熟，味香美，与生者无殊异。

【译】用干鲚鱼做酱的方法：鲚鱼又名"刀鱼"。六月、七月将干鲚鱼，在盆里用水浸泡，放在屋子里。一天换三次水，三天之后，好了，干净了，滤出来，洗过，去掉鳞，整条地做，不要切。

一般用料比例为：一斗鱼，用四升曲末，一升黄蒸末。——没有黄蒸，用麦麸末也可以。——两升半白盐。在盘子里拌和均匀。放置在坛里，用泥封口，不要让它漏气。

十四天以后，就熟了，味道香美，和用新鲜鱼做的没有差别。

麦酱

《食经》"作麦酱法"：小麦一石，清一宿，炊，卧之①，令生黄衣。以水一石六斗、盐三升，煮作卤。澄取八斗，着瓮中，饮小麦投之，搅令调均。覆着日中，十日可食。

【译】《食经》中的"做麦酱法"：一石小麦，用水浸泡一夜，炊熟，摊布在罨室中罨黄。用一石六斗水、三升盐，煮成盐水。澄清，取得八斗清汁，放进坛中。将炊熟的小麦放下去，搅拌均匀。盖着，在太阳底下晒，十天之后就可以吃。

榆子酱

作榆子酱法：治榆子人②一升，捣末，筛之。清酒一升，酱五升，合和。一月可食之。

【译】做榆子仁酱的方法：将一升榆荚仁，处理干净，捣成粉末，筛过。加上一升清酒，五升酱，拌和均匀。一个月就可以吃了。

又鱼酱法

又鱼酱法：成脍鱼③一斗，以曲五升、清酒二升、盐三

---

① 卧之：指摊布在罨室中罨黄。

② 榆子人：榆荚仁。人，种仁的"仁"，宋元以前多作"人"。

③ 成脍鱼：切成脍的鱼。

升、橘皮二叶，合和，于瓶内封。一月可食，甚美。

【译】另一种做鱼酱的方法：一斗已经切成脍的鱼，用五升曲、两升清酒、三升盐、两片橘皮，一并拌和，封在瓶里。一个月之后就可以吃了，味很鲜美。

虾酱

作虾酱法：虾一斗，饭三升为糁[1]。盐二升、水五升，和调，日中曝之。经春夏不败。

【译】做虾酱的方法：一斗虾，加上三升饭作为糁。另外加两升盐、五升水，混合均匀，在太阳底下晒。可以放置过春天夏天，不坏。

燥脡[2]

作燥脡法：羊肉二斤、猪肉一斤，合煮令熟，细切之。生姜五合、橘皮两叶、鸡子十五枚、生羊肉一斤、豆酱清[3]五合。先取熟肉，著甑上蒸，令热，和生肉。酱清、姜、橘皮和之。

【译】做燥生肉酱的方法：两斤羊肉、一斤猪肉，一起煮熟，切碎。用五合生姜、两片橘皮、十五个鸡蛋、一斤生羊肉、五合酱油。先将熟肉，在甑里蒸到热，再与生羊肉混合。酱油、姜、橘皮也混合在一起。

---

① 糁：用饭作为酿制鱼肉的配料叫作"糁"。

② 脡（shān）：生肉酱。

③ 豆酱清：酱油，豆酱中滤出的清汁。清，是滤去所得溶液。

生脠

生脠法：羊肉一斤、猪肉白四两，豆酱清渍之。缕切生姜鸡子。春秋用苏蓼著之。

【译】做生肉酱的方法：一斤羊肉、四两白猪肉，用酱油浸泡，生姜切细丝，加上鸡蛋。春天秋天，用紫苏或蓼芽做香料加上。

崔寔曰："正月可作诸酱，肉酱、清酱。""四月立夏后，鲖①作酱。"

"五月可为酱：上旬𪌼②豆，中庚煮之，以碎豆作末都。至六七月之交，分以藏瓜。"

"可作鱼酱。"

【译】崔寔（《四民月令》）说："正月可以做各种酱，肉酱，清酱。""四月，立夏以后，可以做鳢鱼酱。"

"五月可以做酱：上旬，生豆炒干，中旬庚日煮，把碎豆做成'末都'。到六月底七月初，分些出来，与瓜一起储存做成酱瓜。"

"可以做鱼酱。"

---

① 鲖（tóng）：鳢鱼。

② 𪌼（chǎo）：同"炒"。

鮧鮧 ①

作鮧鮧法：昔汉武帝逐夷，至于海滨。闻有香气而不见物，令人推求。乃是渔父，造鱼肠于坑中，以至土覆之。香气上达。取而食之，以为滋味。逐夷得此物，因名之；盖鱼肠酱也。

取石首鱼②、鯋鱼③、鯔鱼④三种，肠、肚、胞⑤，齐净洗，空⑥著白盐，令小倚咸⑦。内器中，密封，置日中。

夏二十日，夏秋五十日，冬百日，乃好熟，食时，下姜酢等。

【译】做鮧鮧的方法：从前汉武帝追逐夷人，到了海滨。闻到香气，可是没有见到散发香气的东西，叫人去追问寻找。结果知道是渔翁，在坑里酿作鱼肠，用湿土盖上。香气是从土里冲上来的。拿来吃时觉得味道很好。因为追逐夷人得到这种东西，所以就给它起名为"逐夷"；也就是鱼肠酱。

将黄鱼、鲨鱼、鯔鱼三种鱼的肠、肚和鳔，一并洗净，

---

① 鮧（zhú）鮧（yí）：鱼鳔、鱼肠用盐或蜜渍成的酱。

② 石首鱼：一名黄花鱼，即黄鱼，由于头盖骨内有豆大的骨两颗，坚硬如石，故又名"石首"。

③ 鯋（shā）鱼：鲨鱼。鯋，同"鲨"。

④ 鯔（zī）鱼：体长50余厘米，稍侧扁，背部黑绿色，腹部白色，头短而扁，生活在海水和河水交界处，是世界各地港养主要鱼种。肉味鲜美。

⑤ 胞：在这里指鱼"鳔"。

⑥ 空：指单纯一样东西。

⑦ 小倚咸：稍微偏咸些。倚，偏倚。

只放些白盐，让它稍微偏咸一些。藏到容器里，密封，放在太阳底下。

夏季过二十天，春秋两季过五十天，冬季过一百天，就熟了，吃的时候加姜、醋等。

藏蟹

藏蟹法：九月内取母蟹，母蟹齐在圆、竟腹下；公蟹狭而长。得则著水中，勿令伤损及死者；一宿，则腹中净。久则吐黄，吐黄则不好。

先煮薄餹①。餹：薄饧②。著活蟹于冷糖瓮中，一宿。

煮蓼汤和白盐，特须极咸。待冷，瓮盛半汁，取餹中蟹，内著盐蓼汁中，便死。蓼宜少著，蓼多则烂。

泥封二十日，出之。与蟹齐，著姜末，还复齐如初。

内著坩瓮中，百箇③各一器。以前盐蓼汁浇之，令没。密封，勿令漏气，便成矣。

特异风裹，风则坏而不美也。

【译】做藏蟹的方法：九月里收取母蟹，母蟹脐大，形圆，整个腹下都被脐占着；公蟹脐狭而长。得到蟹后就放到水里面，不要让它们受伤受损或死亡；过一夜，蟹腹部里面就干净了。放得太久，就会"吐黄"，吐黄就不好了。

---

① 餹（táng）：古同"糖"。

② 饧（xíng）：糖稀。

③ 箇（gè）：同"个"。

先煮一些糖稀。糖就是稀的饧。把水里过了夜的活蟹放在盛糖水的坛里，过一夜。

煮些蓼汤，加上白盐，务必要做得极咸。等盐蓼汤冷了，盛半坛这样的盐蓼汁，把糖水里浸的蟹，移到盐蓼汁里，蟹就死了。要少搁些蓼，搁多了蓼，蟹就会坏烂。

坛口用泥封着，过二十天，取出来。揭开蟹脐，放些姜末下去，然后依然盖上脐盖。

放到坛子里面，一个容器放一百只。原来的盐蓼汁浇进去，让水淹过蟹上面。密封，不要漏气，就成了。

特别留心，忌遭风吹。风吹过，容易坏，坏了就不鲜美了。

（藏蟹）又法

又法：直煮盐蓼汤，瓮盛，诣河所。得蟹，则内盐汁裹；满便泥封。虽不及前，味亦好。慎风如前法。

食时，下姜末调黄①，盏盛姜酢。

【译】另一个方法：直接煮成盐蓼汤，用坛子盛着，走到有河的地方。得到蟹，立刻放进盐汁里；坛子装满，就用泥封上。虽然没有上一种方法那么好，但味道仍旧很鲜。也要像上一种方法一样，不可挡风。

吃时，蟹黄里加些姜末调匀，用一个盏盛上姜醋，蘸着吃。

---

① 调黄：蟹黄。

作酢法

酢，今醋也。

凡醋瓮下，皆须安砖石，以离湿润。

为妊娠女人所坏者，车辙中干土末一掬著瓮中，即还好。

【译】酢就是现在的"醋"。

醋坛下面，都要放砖或石头，用以隔离水汽防止潮湿。

······

大酢

作大酢法：七月七日取水作之。

大率：麦䴷一斗——勿扬簸，水三斗，粟米熟饭三斗，摊令冷。

任瓮大小，依法加之，以满为限。

先下麦䴷，次下水，次下饭，直置勿搅之。以绵幕瓮口，拔刀横瓮上。

一七日旦，著井花水一椀；三七日旦。又著一椀，便熟。

常置一瓠瓢于瓮，以挹酢。若用湿器咸器内瓮中，则坏酢味也。

【译】做大醋的方法：七月初七取好水，储备着做。

一般的比例为：一斗麦䴷——不要簸扬，三斗水，三斗摊冷了的粟米熟饭。

依坛子的大小，按照这个比例加减，总之，装满为限。

先把麦麹放进坛子里，再将水放下去，再放饭，就这么一直放下去，不要搅拌。用丝绵蒙住坛子口，将一把拔鞘的刀，横搁在坛子上。

过了第一个七天的清早，倒一碗新汲的井水下去；第三个七天的清早，又倒一碗井水下去，就熟了。

经常放一口瓠做的瓢在醋坛子里，用来舀醋。如果用湿着的或者咸的器皿下到坛子中，醋的味道会变坏。

秫米神酢

秫米神酢法：七月七日作。置瓮于屋下。

大率：麦麹一斗、水一石、秫米三斗。无秫者，黏黍米亦中用。

随瓮大小，以向满为限。

先量水，浸麦麹讫。然后净淘米，炊为再馏，摊令冷。

细擘曲破，勿令有块子。

一顿下酿，更不重投。

又以手就瓮裏，搦破小块，痛搅，令和如粥乃止。

以绵幕口。

一七日，一搅；二七日，一搅；三七日亦一搅。一月日极熟。

十石瓮，不过五斗淀；得数年停。久为验。

其淘米泔，即泻去；勿令狗鼠得食。饙黍^①亦不得人
啖之。

【译】秫米神醋的做法：七月初七时做。将坛子放在屋里。

一般的比例为：一斗麦麲、一石水、三斗秫米。没有秫
米，也可以用黏黍米。

依坛子的大小，按比例加减材料，以把坛子装满为限。

先量些水，浸泡麦麲。然后把米淘净，炊成再馏
饭，摊冷。

把曲劈开成小块，不要有大块。

一次下酿，把饭放下去，不再下第二次酘。

用手就着坛子里，把小饭块捏破，用力搅拌，让它像粥
一样均匀，就停手。

用丝绵蒙住坛子口。

过了第一个七天，搅拌一次；第二个七天，又搅拌一
次；过了三个七天，再搅拌一次。一个月就完全熟了。

容量十石的坛子，酿成后剩下的沉淀不过五斗，所得的
醋，可以保存几年。日子久了，就可以证明它的好处。

······

（秫米神酢）又法

又法：亦以七月七日取水。

大率：麦麲一斗、水三斗、粟米熟饭三斗。随瓮大小，

---

① 饙黍：这里泛指炊熟的饭，即"再溜饭"。

以向满为度。

水及黄衣，当日顿下之。

其饭，分为三分：七日初作时，下一分，当夜即沸；又三七日，更炊一分，投之；又三日，复投一分。

但绵幕瓮口，无横刀益水之事。溢即加甂①。

【译】做秫米醋的另一个方法：也是七月七日把水取好。

一般的比例为：一斗麦䴸、三斗水、三斗粟米熟饭。按这个比例依坛子的大小，以装满为限。

水和黄衣，当天一次放下去。

饭分成三份，第一个七天，初做的时候，下第一份，当天晚上就会冒气泡；过了三个七天，再炊一份酘下去；再过三天，再酘一份。

只要用丝棉蒙住坛子口，不须要在坛子口上搁刀，也不要加井花水。如果溢出来，可以加一段甂圈。

（秫米神酢）又法

又法：亦七月七日作。

大率：麦䴸一升、水九升、粟饭九升。一时顿，下亦向满为限。

绵幕瓮口，三七日熟。

【译】做秫米醋的另一个方法：也是七月初七做。

---

① 溢即加甂：此醋水少料多，下酿后饭粒吸水膨胀，醋醅上浮，为了不使溢出瓮外，故加甂圈来防止。

一般的比例为：一升麦皖、九升水、九升粟饭。同时一次全下，也以坛子装满为限。

　　用丝绵蒙住坛子口，经过二十一天，便熟了。

　　前件三种酢，例清少淀多。至十月中，如压酒法，毛袋压出，则贮之。

　　其糟别瓮水澄，压取先食也。

　　【译】以上三种醋，一概都是清液少、渣滓多的。到了十月里，像压酒一样，用毛袋隔着压出来，收藏着慢慢用。

　　剩下的糟，加上水，在另外的坛子里澄清后，压出来吃。

粟米曲作酢

　　粟米曲作酢法：七月、三月向末为上时，八月、四月亦得作。

　　大率：笨曲末一斗，井花水一石，粟米饭一石。

　　明旦作酢，今夜炊饭，薄摊使冷。日未出前，汲井华水，斗量著瓮中。

　　量饭著盆中或栲栳^①中，然后泻饭着瓮中。泻时直倾之，勿以手拨饭。

　　尖量曲末，泻著饭上。慎勿挠搅，亦勿移动！绵幕瓮口。

---

① 栲（kǎo）栳（lǎo）：用柳条编成，形状像斗的容器。也叫笆斗。

三七日熟。美酽少淀，久停弥好。

凡酢未熟，已熟[1]而移瓮者，率多坏矣。熟则无忌。

接取清，别瓮著之。

【译】用粟米和曲做醋的方法：三月底、七月底是最好的时候，四月、八月也可以做。

一般的比例为：一斗笨曲末，一石清晨新汲的井花水，一石粟米饭。

明早做醋，今晚把饭炊好，摊成薄层，让它冷却。太阳没出来以前，汲得井花水用斗量到坛里。

饭，先量到盆子里或笆斗里，然后要一次倒进坛子中。倒时，要直倒，不可用手拨动。

曲末，量时要起尖堆；量好，倒在饭上面。千万不要搅拌，也不要移动！用丝绵蒙住坛子口。

三个七天过后，就成熟了。味道好，而且浓，渣滓又少，越搁得久越好。

醋没有熟，快熟的换坛子，一般都会坏。已经熟了的，就不要紧。

舀取上面的清液，放在另外的坛子里储存。

秫米酢

秫米酢法：五月五日作，七月七日熟。

---

① 已熟：即将熟、快熟。亦有随即的意思。

入五月，则多收粟米饭醋浆①，以拟和酿，不用水也。浆以极醋为佳。

末干曲，下绢筛，经用②。

粳秫米为第一，黍米亦佳。

米一石，用曲末一斗，曲多则醋不美。

米唯再馏，淘不用多遍。

初淘，潘③汁，写却；其第二淘泔，即馏以浸馈。令饮泔汁尽，重装，作再馏饭。

下，掸④去热气，令如人体，于盆中和之；擘破饭块，以曲拌之，必令均调。

丁醋浆更搦破，令如薄粥。粥稠则酢尣⑤，稀则味薄。

内著瓮中，随瓮大小，以满则限。

七日间，一日一度搅之；七日以外，十日一搅；三十日止。

初置瓮于北荫中风凉之处，勿令见日。

时时汲冷水，遍浇瓮外，引去热气。但勿令生水入瓮中。

取十石瓮，不过五六斗糟耳。

【译】做秫米醋的方法：五月初五做，七月初七成熟。

进了五月，就多收下一些粟米饭酸浆水，准备混合进去

---

① 醋浆：淀粉质的酸化浆液。

② 经用：曾经实际酿造应用过。

③ 潘（shěn）：汁也。

④ 掸（dǎn）：用掸子轻轻拂打或抽。掸子，用鸡毛或布条绑成的除尘用具。

⑤ 尣（kè）：指醋量减少。

酿醋，不用水。浆水越酸越好。

把干曲捣成粉末，绢筛筛过，曾经实际酿造应用过。

粳米秫米为最好，黍米也好。

一石米，用一斗曲末，曲多了醋就不鲜美。

米只需要再馏，也不需要淘很多次数。

第一次淘米的汁水，倒掉；第二次淘米的泔水，就留下来浸馈饭。让馈饭将泔汁吸尽，重新装进甑去，再炊一次，做成再馏饭。

将再馏饭倒出来，掸掉热气，至和人的体温一样时，在盆里拌和，把饭团弄碎，拌下曲末，一定要均匀。

将酸浆水混合，将饭捏破捏散，使整个混合物像清粥一样。粥太稠，醋的分量就少，太稀醋味就不够厚。

放进坛中，不管坛大坛小，总之以装满为限。

最初七天，每天搅拌一次；七天以后，十天搅拌一次；到了三十天，停手。

初做时，把坛放在北面阴凉、有风、凉爽的地方，不要让它见着太阳。

随时汲些凉水，在坛子外浇遍，把热气引出来。但是注意不要让生水进到坛里去。

用容量十石的坛子做，做好之后，只有五六斗糟。

大麦酢

大麦酢法：七月七日作。若七日不得作者，必须收藏；

取七日水，十五日作。除此两日，则不成。

于屋里，近户里边，置瓮。

大率：小麦麯一石、水三石、大麦细造一石。不用作米，则利严，是以用造。

簸讫，净淘，炊作再馏饭。掸令小暖，如人体。

下酿，以杷搅之。棉幕瓮口。

三日便发；发时数搅，不搅则生白醭^①；生白醭则不好。以棘子彻底搅之。

恐有人发落中，则坏醋。凡醋悉尔；亦去发则还好。

六七日，净淘粟米五升，米亦不用过细，炊作再馏饭。亦掸如人体投之。杷搅绵幕。

三四日，看，米消，搅而尝之。味甜美则罢；若苦者，更炊二三升粟米投之。以意斟量。

二七日可食；三七日好，熟。香美淳严，一盏醋和水一碗，乃可食之。

八月中，接取清，别瓮贮之。盆合泥头，得停数年。

未熟时，二日三日，须以冷水浇瓮外，引去热气，勿令生水入瓮中。

若用黍秫米投弥佳，白仓粟米亦得。

【译】大麦醋的做法：七月七日做。如果七月七日不能做，就要做收藏的准备；七日取水，十五日做。除了这两

---

① 白醭（bú）：醋或酱油等表面上长的白色霉。

天，其余的日子都做不成。

在屋里面，靠门里边，安置醋坛。

一般的比例为：小麦做的麦䴵一石、水三石、细大麦"造"一石，因为不是拿来做饭的，可以用粗粒，用"造"。

簸扬好了之后，淘洗干净，炊成再馏饭。掸到微微温暖，像人的体温一样。

把这样掸凉的饭下酿到坛子里，用耙搅和。坛子口用丝绵蒙着。

三天后便发动了。发动之后，要连续多次地搅动，不搅就会长出白色的霉，长了白色的霉，醋的香气与味道就不好了。用酸枣枝条，彻底地搅。

……

六七天之后，淘出五升干净的粟米，米也不需要太精，炊成再馏饭。也掸到像人的体温一样，酘下去。还是用耙搅拌，用丝绵蒙着。

三四天之后，打开看看，如果米已经消化了，搅拌后，取一点尝尝。如果味道已经甜美了，就算了；如果还有苦味，再炊两三升粟米再馏饭酘下去。按需要决定。

过了两个七天就可以吃了；三个七天之后，好了，真正成熟了。香美浓厚，一盏醋要混合上一碗水，才可以吃。

八月里，舀出上面的清液，盛在另外的坛子里储存。用盆覆盖着上口，再封上泥，可以保存好几年。

没有熟以前，每两三天就必须用冷水浇在坛子外面，将里面的热气引出去，可不要让生水进到坛子里。

如果用黍米或秫米更好；白色和黄白色的粟米也可以。

烧饼作酢

烧饼作酢法：亦七月七日作。

大率：麦麱一斗、水三斗，亦随瓮大小，任人增加。

水、麱亦当日顿下。

初作日，软溲数升面，作烧饼。待冷下之。

经宿，看饼渐消尽，更作烧饼投。

凡四五度投，当味美沸定，便止。

有薄饼缘。诸面饼①，但是烧煿②者，皆得投之。

【译】烧饼酿醋的方法：也只在七月初七做。

一般的比例为：一斗麦麱、三斗水，也是随坛子的大小，按比例增加分量。

水和麦麱，也是在第一天做一次，要全部下到酿坛里。

开始做的一天，和上几升面，要稀些，做成烧饼，等它冷却了，放入坛中。

过一夜，看看饼已经消化尽了，再做些烧饼，投下去。

酘过四五遍，就会有好的味道，也不发气泡了，便不要

---

① 诸面饼：指有薄边的各种饼。

② 煿（bó）：同"煎、炒、爆"或烤干的食物。

再酸。

凡是边缘薄的各种面饼，只要是火烤熟的，都可以酸。

回酒酢

回酒酢法[①]：凡酿酒失所味醋者，或初好后动未压者，皆宜回作醋。

大率：五石米酒醅，更着曲末一斗、麦䴷一斗、井花水一石。粟米饭两石，掸令冷如人体投之。

杷搅，绵幕瓮口，每日再度搅之。

春夏七日熟，秋冬稍迟，皆美香清澄。

后一月，接取，别器贮之。

【译】将酒转作醋的方法：凡是因为酿造不得法的酒，味道酸的，或者起初还好，后来变酸了，还没有压出来的，都可以转作醋。

一般的比例为：五石米的酒连渣，再加一斗曲末、一斗麦䴷、一石井花水。取两石粟米饭，凉到和人的体温一样时，酸下去。

用耙搅和，用丝绵蒙住坛子口，每天搅拌两次。

春季、夏季做，七天就熟了；秋季、冬季做，稍微迟些。都很香很美，而且清澄无渣。

① 回酒酢法：醋酸菌产生一种特殊的物质，会促使乙醇（酒精）和氧起氧化作用而生成乙酸（醋酸）。由于醇液的天然氧化现象，使人类很早就知道利用酒来酿醋。"回酒酢法"就是重新加入曲米的配料，使醋酸菌大量繁殖，将酸败的酒酿成好醋。

一个月之后，舀出来，另外用坛子盛着保存。

动酒酢

动酒酢法：春酒压讫而动，不中饮者，皆可作醋。

大率：酒一斗，用水三斗，合，瓮盛，置日中曝之。雨，则盆盖之，勿令水入；晴还去盆。

七日后，当臭，衣生，勿得怪也。但停置勿移动，挠搅之。数十日，醋成，衣沈①，反更香美。日久弥佳。

【译】酸酒做醋的方法：春酒压出来之后变酸了，不能饮的，都可以做醋。

一般的比例为：一斗酒，用三斗水，掺和之后，盛在坛里，在太阳下晒着。下雨，就用盆盖上，不要让生水进去；天晴了再把盆揭掉。

七天之后，会发臭，上面生成一层"衣"，不要觉得奇怪。只管放着，不要移动和搅拌。几十天后，醋成了，"衣"也沉下去了，反而很香很美。日子越久味道越好。

（动酒酢）又方

又方：大率，酒两石、麦麴一斗、粟米饭六斗半，小暖投之。杷搅，绵幕瓮口，二七日熟，美酽殊常矣。

【译】（酸酒做醋的）另一个方法：一般比例是两石酒、一斗麦麴、六斗半粟米饭，微暖时投下去。用耙搅和，用丝绵蒙住坛口。两个七天就熟了。口味异常地美，

---

① 沈：此处疑为"沉"。

而且浓厚。

神酢

神酢法：要用七月七日合和。

瓮须好，蒸干。黄蒸一斛，熟蒸麸三斛。凡二物，温温暖便和之。

水多少，要使相淹渍。水多则酢薄，不好。

瓮中卧，经再宿。三日便压之如压酒法。

压讫，澄清内大瓮中。

经二三日，瓮热，必须以冷水浇之，不尔酢壤。其上有白醭浮，接去之。满一月，酢成，可食。

初熟，忌浇热食；犯之必壤酢。

若无黄蒸及麸者，用麦麲一石、粟米饭三斛，合和之，方与黄蒸同。

盛置如前法。瓮常以绵幕之，不得盖。

【译】神醋的做法：要在七月初七和合材料。

需要好的坛子，先蒸干。用一斛黄蒸、三斛蒸熟了的麦麸。在这两样材料温暖的时候拌和。

加水多少的标准，只要将材料泡在水里就可以了。水太多，醋就会嫌太淡，不好了。

在坛子里保温，过两夜。第三天，便像压酒一样压出来。

压好后，澄清，盛在大坛子里。

经过两三天，坛子会热起来；必须用冷水来浇，不然，醋就坏了。上面如果有白色的霉浮起来，舀掉。满一个月，醋就成了，可以吃了。

……

如果没有黄蒸和麦麸，用一石麦䴖、三斛粟米饭，混合起来做，方法和用黄蒸的完全一样。

盛置装备，和上一种方法完全相同。坛子上常用丝绵蒙着，不要用密实的盖。

糟糠酢

作糟糠酢法：置瓮于屋内，春秋冬夏，皆以穰茹瓮下；不茹则臭。

大率：酒糟粟糠中半，麁①糠不任用，细则泥；唯中间收者佳。

和糟糠，必令均调，勿令有块。

先内荆竹筹②于瓮中，然后下糠糟于筹外。均平，以手按之；去瓮口一尺许便止。

汲冷水，绕筹外均浇之，候筹中水深浅半糟便止。以盖覆瓮口。

每日四五度，以碗挹取筹中汁，浇四畔糠糟上。三日后，糟熟③，发香气。夏七日，冬二七日，尝，酢极甜美，

---

① 麁（cū）：古同"粗"。

② 筹（chōu）：篘，滤取酒竹器。

③ 糟熟：糟、糠调制的醋醅，发酵将成熟。

无糟糠气，便熟颖。犹小苦者，是未熟，更浇如初。

候好熟，乃挹取箅中淳浓者，别器盛。更汲冷水浇淋，味薄乃止。

淋法，令当日即了。

糟任饲猪。

其初挹淳浓者，夏得二十日，冬得六十日。后淋浇者，止得三五日供食也。

【译】做糟糠醋的方法：坛子放在屋子里，春秋或冬夏季都要用穰包在坛子的下边；不包，就会臭。

一般的比例为：酒糟和粟糠，各半分——粗糠不适合用，细糠会成泥。只有不粗不细的，就是簸扬时中间收下的适合用。

调和糟与糠，必须均匀，不要留下有团块的。

先在坛子里放一个荆条或竹编的箅，把糟糠混和物放在上面。周围都放平，用手按紧；隔坛子口边有一尺深光景，就停止。

汲取冷水，围绕在箅的外面，均匀地浇。让水透过糟糠进入里面，到里面的水有外面糟糠一半深为止。用盖把坛子口盖好。

将箅中的汁液用碗舀出来，浇在周围的糟糠上，每天浇四五次。三天之后，糟熟了，发出香气来。夏季七天，冬季十四天。尝尝，醋已经很甜美了。没有糟和糠的气味，就是熟了。如果还有些苦味，是没有熟，还要像前面的方法继续浇。

等到好了、熟了，把里面浓厚的液体舀出来，另外盛着。再汲些冷水去浇淋，味淡了为止。

淋时，当天就要做完所有的。

糟可以喂猪。

最初从篓里舀出的浓汁，夏季可以保留二十天，冬季可以保留六十天。以后浇淋得来的，只可以在三五天之内食用。

酒糟酢

酒糟酢法：春酒糟则酽，颐酒糟亦中用。然欲作酢者，糟常湿下。压糟极燥者，酢味薄。

作法：石磑子，辣谷令破；以水拌而蒸之。熟，便下，掸去热气，与糟相半，必令其均调。

大率：糟常居多。和讫，卧于酳瓮^①中，以向满为限。以绵幂瓮口。

七日后，酢香熟，便下水令相淹渍。经宿，酳孔子之下。

夏日作者，宜冷水淋；春秋作者，宜温卧，以穰茹瓮，汤淋之，以意消息之。

【译】酒糟做醋的方法：春酒酒糟做的，很浓厚，颐酒糟也可以用。但是如果想做醋，糟应当留得湿些。糟被压得

---

① 酳瓮：底上有孔的坛子。

很干燥的，做成的醋，味道淡薄。

做法：用石碾子将谷粒压破；用水拌着蒸过。熟了，就倒出来，掸去热气，和糟掺杂，要和得极均匀。

一般的比例为：糟总是用得多些。和匀后，在底上有孔的坛子里保暖，坛子要盛满为止。用丝绵蒙着坛子口。

七天之后，醋发出香气，成熟了，就倒水下去浸着。过一夜，拔开酼孔子，让清汁流出来。

夏季做，要用冷水淋；春、秋季做，就要保温。用穰包裹醋坛，要用热水淋，拿定主意渐增或渐减。

糟酢

作糟酢法：用春糟[①]，以水和，搦破块，使厚薄如未压酒。

经三日，压取清汁两石许，着熟粟米饭四斗，投之。盆覆，密泥。

三七日，酢熟，酽。得经夏停之。

瓮置屋下阴地。

【译】做糟醋的方法：用春酒糟，以水调和，把团块捏破，使混合物和没有压的酒一样稀稠。

经过三天后，压出两石左右的清汁来，加上四斗粟米饭作酸。盖上盆，用泥密封。

二十一天之后，醋熟了，美而且酽。可以保存一个整

① 春糟：疑为"春酒糟"。

夏天。

醋坛要放在屋里的阴处。

大豆千岁苦酒[1]

《食经》作大豆千岁苦酒法：用大豆一斗，熟汰之，渍令泽。炊，曝极燥，以酒醋灌之。任性多少，以此为率[2]。

【译】《食经》做大豆千岁苦酒的方法：用一斗大豆，淘洗得很干净，浸到发涨。炊熟，晒到很干后，用酒醋灌下去。不管多少，都依这个标准。

小豆千岁苦酒

作小豆千岁苦酒法：用生小豆五斗，水沃，著瓮中。黍米作馈，覆豆上。酒三石，灌之。绵幂瓮口。

二十日，苦酢成。

【译】做小豆千岁苦酒法：用五斗生小豆，水浸后，放在坛子里。将黍米炊成馈饭，盖在豆上。再灌入三石酒。用丝绵蒙住坛子口。

二十天之后，醋就做成了。

小麦苦酒

作小麦苦酒法：小麦三斗，炊令熟。著堈[3]中；以布密封其口。

---

① 苦酒：醋。

② 以此为率：既没有交代酒醋的用量，也没有提到灌醋的稀稠程度，怎样"任性多少，以此为率"？如无脱漏，过于疏简，《食经》文常如此。

③ 堈（gāng）：古同"缸"，坛子。

七日开之，以二石薄酒沃之，可久长不败也。

【译】做小麦苦酒法：三斗小麦，炊熟。放在缸里；用布将缸口密封。

七天之后，打开，用两石淡酒浇在里面，可以保持很久不坏。

水苦酒

水苦酒法：女曲、麤米^①各二斗；清水一石，渍之一宿，沸^②取汁，炊米曲饭^③，令熟，及热投瓮中。以渍米汁，随瓮边稍稍沃之，勿使曲发饭起。

土泥边，开中央，板盖其上。夏月，十三日便醋。

【译】水苦酒的做法：女曲和粗米，每样各两斗。用一石清水浸一夜，过滤出汁来，把米炊成熟饭，趁热和上曲，投进坛子里。将浸米的汁，沿着坛子边轻轻流下去，不要把曲和饭冲动。

用土泥封在坛子口四边，中央开一个孔，用板盖在上面。在夏季，经过十三天就成醋了。

卒成苦酒

卒成苦酒法：取黍米一斗，水五斗，煮作粥。

曲一斤，烧令黄，搥破，著瓮底。

---

① 麤（cū）米：粗米。麤，同"粗"。酿醋原料主要有大麦、小麦、高粱、粟米、玉蜀黍（玉米）、豆类、米、粟糠、谷壳、麸皮、酒、酒糟等。

② 沸（jì）：过滤。

③ 炊米曲饭：指用女曲和米一起浸过一夜后漉出来的"米曲"炊成饭。

以熟好泥，二日便醋已。

尝经试，直醋亦不美。以粟米饭斗投之。

二七日后，清澄美酽，与大醋不殊也。

【译】做速成苦酒的方法：取一斗黍米，加上五斗水，煮成粥。

把一斤曲，在火里烧一下，把表面烧黄，捶碎，放在坛子底上。把粥倒在曲上面。

用泥封闭，两天就酸了。

经过试验，一直就这样酸的，味道也不美。用一斗粟米饭酸下去。

过十四天，清了，味道美而且酽，和大醋没有区别。

乌梅①苦酒

乌梅苦酒法：乌梅去核，一升许肉，以五升苦酒渍数日，曝干，捣作屑。

欲食，辄投水中，即成醋尔。

【译】做乌梅苦酒的方法：乌梅去掉核，取一升左右的乌梅肉，用五升醋浸几天，晒干，捣成屑。

吃的时候，拿些搁在水里，就成了醋。

蜜苦酒

蜜苦酒法：水一石、蜜一斗，搅使调和。密盖瓮口，著日中，二十日可熟也。

① 乌梅：青梅在烟囱上熏干并成黑色的。

【译】蜜苦酒的做法：一石水、一斗蜜，搅拌均匀。把坛子口封闭，放在太阳下晒，过二十天就成熟了。

外国苦酒

外国苦酒法：蜜一斤、水三合，封着器中。与少胡荽①子著中，以辟得不生虫。

正月旦作，九月九日熟。以一铜匕②，水添之，可三十人食。

【译】外国苦酒的做法：一斤蜜、三合水，封在容器里。里面搁少许香菜，可以避免生虫。

正月初一那日做，九月初九成熟。取一铜匙这样的醋，和上水，可以供三十个人吃。

崔寔曰："四月四日作酢；五月五日亦可作酢。"

【译】崔寔《四民月令》说："四月初四可以做醋；五月初五也可以做醋。"

---

① 荽（suī）：同"荽"。《韵略》云："胡荽，香菜也。"

② 铜匕：铜匙。

作豉法

作豉法

作豉法：先作暖荫屋，坎地，深三二尺。

屋必以草盖；瓦则不佳。密泥塞屋牖[1]，无令风及虫鼠入也。

开小户，仅得容人出入。厚作藁篱，以闭户。

四月、五月为上时，七月二十日后，八月为中时。

余月亦皆得作。然冬夏大寒热，极难调适。

大都每四时交会之际，节气未定，亦难得所。常以四孟月[2]十日后作者，易成而好。

大率常欲令温如人腋下为佳。若等不调，宁伤冷不伤热：冷则穰[3]覆还暖，热则臭败矣。

三间屋，得作百石豆，二十石为一聚。

常作者，番次相绩，恒有热气，春秋冬夏，皆不须穰覆。作少者，唯至冬月，乃穰覆豆耳。

极少者，犹须十石为一聚；若三五石，不自暖，难得所，故须以十石为率。

用陈豆弥好。新豆尚湿，生熟难均故也。

---

① 牖（yǒu）：窗户。

② 四孟月：农历四月。孟月，四季的第一个月，即农历正月、四月、七月、十月。

③ 穰：禾谷的茎秆。

净扬簸，大釜煮之，申舒如饲牛豆，掐软便止——伤熟则豉烂。

漉著净地之。冬宜小暖，夏须极冷。乃内荫屋中聚置。

一日再入，以手刺豆堆中候：看如人腋下暖，便翻之。

翻法：以杷杴①略取堆里冷豆，为新堆之心；以次更略，乃至于尽。冷者自然在内，暖者自然居外。还作尖堆，勿令坡陀。

一日再候，中暖更翻，还如前法作尖堆。

若热汤②人手者，即为失节③伤热矣。

凡四五度翻，内外均暖，微着白衣；于新翻讫时，便小拨峰头令平，团团如车轮，豆轮厚二尺许，乃止。

复以手候，暖则还翻。翻讫，以杷平豆，令渐薄——厚一尺五寸许。

第三翻一尺；第四翻厚六寸。豆便内外均暖，悉着白衣，豉为粗定。从此以后，乃生黄衣。

复掸豆，令厚三寸，便闭户三日。——自此以前，一日再入。

三日开户。复以杴东西作垅，耩④豆，如谷垅形，令稀

---

① 杴（xiān）：同"锨"。一个用手力翻土的农具。

② 汤：通"烫"。

③ 失节：超过了限度，也就是失却了调节。

④ 耩（jiǎng）：用耧（lóu）播种或施肥。

穊^①均调。

枕划法：必令至地，豆若着地，即便烂矣。

耩遍，以杷耩豆，常令厚三寸。间日耩之。

后豆着黄衣，色均足，出豆于屋外，净扬，簸去衣。

布豆尺寸之数，盖是大率中平之言矣。冷即须微厚，热则须微薄。尤须以意斟量之。

扬簸讫，以大瓮盛半瓮水，内豆著瓮中，以杷急抨之使净。

若初煮豆伤熟者，急手抨净，即漉出；若初煮豆微生，则抨净宜小停之，使豆小软。则难熟，太软则豉烂。水多则难净，是以正须半瓮尔。

漉出，着筐中，令半筐许。一人捉筐。一人更汲水，于瓮上就筐中淋之。急抖擞筐，令极净，水清乃止——淘不净令豉苦。

漉水尽，委着席上。

先多收谷䅳^②。于此时，内谷䅳于荫屋窖中；掊^③谷䅳作窖底，厚二三尺许。以蘧篨^④蔽窖^⑤，内豆于窖中。

使一人在窖中，以脚蹑豆，令坚实。

---

① 穊（jì）：同"概（jì）"，稠密。

② 䅳（zhī）：这里指谷壳及断茎残叶之类。

③ 掊：聚积的意思。

④ 蘧（qú）篨（chú）：古代指用竹或苇编的粗席。

⑤ 蔽窖：蔽覆在作为窖底的谷䅳之上。

内豆尽，掩席覆之，以谷蘱埋①席上，厚二三尺许，复蹑令坚实。

夏停十日，春秋十二三日，冬十五日，便熟。过此以往，则伤苦。日数少者，豉白而用费；唯合熟自然香美矣。

若自食欲久留，不能数②作者，豉熟，则出曝之令乾，亦得周年。

豉法，难好易壤，必须细意人，常一日再看之。

失节伤热，臭烂如泥，猪狗亦不食。其伤冷者，虽还复暖，豉味变恶。是以又须留意冷暖，宜适难于调酒。

如冬月初作者，须先以谷蘱烧地令暖——勿燋——乃净扫。内豆于荫屋中，则用汤浇黍穄蘘③令暖润，以覆豆堆。每翻竟，还以初用黍蘘，周匝覆盖。

若冬作，豉少屋冷，蘘覆亦不得暖者，乃须于荫屋之中，内微燃烟火，令早暖。不尔，则伤寒矣。

春秋量其寒暖，冷亦宜覆之。

每人出，皆还谨密闭户，勿令泄其暖热之气也。

【译】做豉的方法：先准备温暖有遮蔽的屋子，在屋里

---

① 埋：用谷蘱将席埋覆在下面。这个窖罨豆豉的方法是豆豉的上下两面都用席衬隔着，席的上下两面都用二三尺厚的谷蘱垫着或覆蔽着。上文"掩席覆之"的席，就是原先垫在底下的"藬蒢"把它卷覆过来盖在豆豉上面的。

② 数：多次。

③ 蘘（ráng）：蘘与荷组词"蘘荷"是一种多年生草本植物，原产中国，高两三尺，根茎圆柱形，叶互生，椭圆状披针形开白色或浅黄色大花，结蒴果，茎与叶可制纤维，根可入药。

地上掘两三尺深的坎。

屋顶必须要草盖；瓦盖的不好。用泥将门和窗密封，不要让风或者虫子老鼠进去。

开一个小门，装上单门片，小到只容一个人进出。挂上用藁秆编成的厚草帘，遮住门口。

四月、五月是最好的时节，七月二十日以后到八月，是中等时节。

其余月份，也可以做。但是冬季、夏季，太冷或太热，极难将温度调节合适。

一般在季节交替的时候，节气没有稳定，也难刚刚适合。平常总是每季第一个月初十以后做的豉，容易成功。

一般标准的温度，总要像人腋窝下的最适合。如果天气冷热差别很大，不容易调节，宁可偏冷些，不要偏热：冷了，就用穰盖着可以回复温暖；热了就会发臭败坏。

三间屋，可以做一百石豆。二十石豆作为一"聚"。

经常做豉的，一次接一次，屋子里常常有热气，春秋或冬夏，都用不着用穰盖。做得少的，也只有到冬季，才要用穰覆盖豆子。

做得极少的，也要十石豆子作为一"聚"；如果只有三五石，自发的温度不够维持温暖，便难得合适，所以一定要以十石作为标准。

用陈豆子更好。因为新收的豆子，还是湿的，生熟不容易均匀。

簸扬干净后，放在大锅里煮，煮到涨开得像喂牛的料豆一样，用手掐去，感觉是软的，就够了。太熟，制成的豉会烂。

滤出来，在干净的地面上急速推开。冬季，要让它微微温暖，夏季则要完全凉透。再搬进阴屋里堆积着。

每天进去看两次，用手插进豆子堆里面去体察：看像人腋窝下一样的温度时，就要翻一翻。

翻的方法是：以锨刮出堆外的冷豆子，作为新堆的中心，依次序刮下去，一直到刮完。这样，原来冷些的，自然埋在里面深处，暖些的自然就堆在外表了。还是做成尖尖的堆，不要让坡太斜缓。

每天候两次，如果中心暖了就再翻，翻时，还是像前面说的方法，做成尖堆。

如果热到烫手，就是过了限度，已经太热了。

翻过四五遍，里面外面都暖，而且，稍微见到有些白色的"衣"时，便在新翻完之后，把尖堆的尖，拔去一点，让它平下来些，团团地像一个车轮一样，豆轮厚两尺左右就停止。

还要用手探候，暖了，又翻。翻完，用把把豆堆把平，让堆慢慢薄下去——大约一尺五寸厚。

第三次翻，就减薄到一尺厚；第四次翻，减到六寸厚。

这时，豆子应当是里外温度一致，均匀地温暖，而且，都有了白衣，豉也就有了个大致"粗坯"了。以后，便生"黄衣"了。

再把豆子摊开，只堆成三寸厚，把门关上三日——在这以前，仍旧每天进去看两次。

三天后，把门打开。又用锹直东直西地耙成一条条的垄，将豆子耩开成谷垄的形式，让厚薄稀密均匀。

用锹划的规矩，一定要贴到地面。如果有划不到而贴在地面没动的豆子，它一定会烂。

耩遍了，用耙把豆再耩平，总之一层要有三寸厚。每隔一天做一次。

后来豆子都有了黄衣，颜色均匀充足，才把豆子搬到屋子外面，簸扬干净，把衣簸掉。

以上所说的布开豆层的厚薄尺寸，只是大概中平的说法。冷了，就要堆厚些，热了就堆稍微薄些。总之，要注意斟酌决定。

簸扬完了，用大坛子盛上半坛水，把豆子放进去，用耙急速搅动洗净。

如果最初煮豆子时嫌过熟的，赶快抖洗（搅打着洗）洁净，立刻滤起来；如果最初煮时太生，搅洗干净后，还要稍微多等一阵儿，让豆子浸软些。

豆子不软，豉便难成熟；太软，豉会烂。水太多，抖洗时难以调节，所以只用半坛水。

洗净漉出来，放在筐子里，只要半筐。一个人抓着筐，放在倒掉了水的坛子上面，另一个人，再汲些水，向放在坛里的筐上淋。此时要及时摇动筐，把豉洗净，到水清为止——如果不淘洁净，豉的味道是苦的。

水滤净后，倒在席上。

事先多收存一些谷子的糠壳。这时，把它们堆到阴屋的窖里；在窖底上，把糠壳聚积作为底层，要两三尺厚。用粗席遮着窖边，把豆子放进窖里。

让一个人下到窖里，用脚把豆子踩坚实。

豆子放完，用席子盖上。席子上再堆两三尺厚的糠壳，也踩坚实。

夏季，要经过十天；春季、秋季，要经过十二三天；冬季，过十五天，就成熟了。日子太长，就会发苦。日子不够，豉的颜色淡，用的分量就得增多；只要合宜地熟了的，味道才自然香美。

如果自己家做了，预备自己吃，想多保存些时间，不能多次做的，在豉成熟后，拿出来晒干，也可以享用一年。

做豉的操作，难得做好，容易弄坏，一定要有小心仔细的人，一天去观察两次。

没有调节得好，导致太热了，豉就会像泥一样臭而烂，猪狗都不肯吃。太冷的，尽管可以恢复暖热，豉味也是不会好的。所以要分外地留意温度，要求的适合条件，比做酒还难调节。

如果冬季做，要先用些糠壳，把地面烧暖——可不要烧焦——然后扫干净。把豆搬进阴屋里以后，就用热水浇过的暖热而潮润的茎杆，盖在豆堆上。每次翻过，又把最初所用的茎杆，周到地盖上。

如果冬季做，豉少而屋子冷，茎杆盖着还不够暖的，就要在阴屋里，稍微烧些有烟的火，让它早些暖起来。不然，就太冷了。

春季、秋季，也要斟酌寒，暖，冷，就要盖上。

人进出时，都要随时谨慎地把门关严密，不要让热气散掉。

《食经》作豉法

《食经》作豉法：常夏五月至八月，是时月也。

率：一石豆，熟澡^①之，渍一宿。明日出蒸之，手捻其皮，破则可。便敷于地。地恶者，亦可席上敷之。令厚二寸许。豆须以青茅覆之，亦厚二寸许。

三日视之，要须通^②得黄为可。

去茅，又薄掸之，以手指画之作耕垄。一日再三如此，凡三日，作此可止。

————————————

① 澡：这里指淘洗。

② 通：周遍，统统。

更煮豆取浓汁，并秫米女曲[①]五升；盐五升，合此豉中。以豆汁洒溲之，令调。以手搏，令汁出指间，以此为度。

毕，纳瓶中。若不满瓶，以矫桑[②]叶满之勿抑！乃密泥之。

中庭二十七日，出，排曝[③]令燥。

更蒸之。时煮矫桑叶汁，洒溲之。乃蒸如炊熟久，可复排之。

此三蒸曝，则成。

【译】《食经》中记载的做豉的方法：常常在夏季的五月到秋季的八月，是做豉适时的月份。

标准是：一石豆子，细细淘洗，浸过隔夜。第二天早晨滤出来，再蒸，蒸到用手一捻，皮就会破时，便算好了。铺在地上。地不好的，也可以铺在席子上。铺成两寸左右厚的一层。豆子要凉透，用青茅盖着，青茅也要两寸左右厚。

三天之后看一看，一定要全部都黄了才行。

撤掉盖着的茅，又掸薄些。用手指画成耕垄的形状。每天将豉先聚拢后摊开，画成耕垄，反复地做；做过三天，就停止。

再煮些豆，取得浓浓的豆汤，加上五升秫米女曲，五

---

① 秫米女曲：是一种秫米做的饼曲。

② 矫桑：疑指长条茂盛的高桑。

③ 排曝：摊开来晒。

升盐，掺和到这些豉里面。用豆汤洒入，拌和均匀。再用手捏，让汁从手指缝里出来，以此为标准。

拌完，装进瓶里。如果不满，就用矫桑叶塞满空处不要按紧！再用泥密封。

搁在院子里，过了二十七天，倒出来，摊开晒干。

再蒸。蒸的时候，煮些矫桑叶汁，洒上去。蒸，像炊熟豆子所费的时间一样久。可以再摊开来晒。

像这样三蒸三晒，就做成了。

作家理食豉法

作家理①食豉法：随作多少。精择豆，浸一宿，旦炊之，与炊米同。若作一石豉，炊一石豆。熟，取生茅卧之，如作女曲形。

二七日，豆生黄衣。簸去之，更曝令燥。

后以水浸令湿，手投之，使汁出从指歧间出为佳。以著瓮器中。

掘地作埳②，令足容瓮器。烧埳中令热，内瓮著埳中。以桑叶盖豉上，厚三寸许。以物盖瓮头令密，涂之。

十许日，成；出，曝之，令㶸㶸然。又蒸熟；又曝。如此三遍，成矣。

【译】做"家理食豉"的方法：随便做多少。把豆拣得

① 家理：家庭应用。

② 埳（xiàn）：同"陷"，即坑。

干净精细，浸一夜，第二天清早炊，像炊米一样。如果做一石豉，就炊一石豆。熟了之后，用新鲜茅草盖着保暖，像做女曲一样。

过十四天后，豆上生出黄衣了。簸掉黄衣，再晒干。

干后再用水浸湿，用手揉搓到汁从指缝里流出来为止。再放进坛子里。

在地里掘一个坑，大到可以容纳装了豉的坛子。在坑里烧火，把坑烧热。在豉上面盖上三寸厚的桑叶。坛子顶上，用东西盖严密，用泥封上。

十天光景，成熟了，倒出来晒到半干。再蒸熟，再晒。这样反复蒸晒三次，就成了。

作麦豉法

作麦豉法：七月八月中作之，余月则不佳。

晒治小麦，细磨为面，以水拌而蒸之。

气馏好熟，乃下。掸之令冷，手挼令碎。

布置覆盖，一茹麦䴷黄蒸法。

七日衣足，亦勿簸扬。以盐汤周遍洒润之，更蒸。气馏极熟，乃下。

掸去热气，及暖内瓮中，盆盖，于襄粪①中煨②之。

二七日，色黑、气香、味美便熟。

---

① 襄粪：糠壳等做的堆肥。

② 煨：保热。

抟^①传小饼，如神曲形。绳穿为贯，屋裹悬之。纸袋盛笼，以防青蝇尘垢之污。用时，全饼着汤中煮之，色足漉出。削去皮粕，还举^②。一饼得数遍煮用。熟、香、美，乃胜豆豉。

打破，汤浸，研用，亦得。然汁浊，不如全煮汁清也。

【译】做麦豉的方法：七月八月里做，其余月份做的效果就不好。

春小麦，细细磨成面，用水拌和来蒸。

气馏到熟，倒出来。㪷冷，用手接碎。

铺开，覆盖，步骤和做麦䴽黄蒸一样。

过七天，黄衣长足了，也不要簸扬。将盐汤全部均匀地洒在上面，直到湿透，再蒸。气馏到极熟，才下甑。

㪷掉热气，趁暖时放进坛子里，用盆盖着，在肥堆里保热。

过了十四天，颜色变黑了，气香了，味也鲜美了，就已成熟了。

用手捏成小饼，像酿酒用的神曲一样。绳穿成串，挂在屋里风干。外面用纸袋套着，免得苍蝇和灰尘把饼弄脏。用时，整饼放在开水里煮，煮到汤的颜色够了，便漉出来。削掉外皮渣滓，再提出来。一饼可以用几回。香而且鲜，比豆

---

① 抟（tuán）：指把东西揉弄成球形。

② 举：提出来。

豉还好。

　　打破，热水浸开，研碎用，也可以。但这样汤汁是混浊
的，不能像整饼那样煮，所得的是清汤。

八和齑①

蒜一，姜二，橘三，白梅四，熟栗黄五，秔米饭六，盐七，酢八。

【译】蒜，第一；姜，第二；橘皮，第三；白梅，第四；熟栗子肉，第五；粳米饭，第六；盐，第七；醋，第八。

齑

齑臼欲重，不则倾动起尘，蒜复跳出也。底欲平宽而圆。底尖捣不着，则蒜有粗成。以檀木为齑杵臼。檀木硬而不染汗。杵头大小，与臼底相安可。杵头著处广者，省手力而齑易熟，蒜复不跳也。杵长四尺。入臼七八寸圆之；已上，八稜②作。

平立急舂之。舂缓则劳臭。久则易人。舂齑宜久熟，不可仓卒。久坐疲倦，动则尘起，又辛气劳灼，挥汗或能洒污，是以须立舂之。

【译】捣齑的臼要重，如果不重，摇动时则飘起灰尘，而且蒜容易跳出来。臼底要平、宽、圆。臼底尖，杵捣不上，蒜就会有粗块。最好用檀木来做捣齑的杵和臼。檀木硬，不容易染上汗。杵头的大小，要和臼底相合。杵头打着的面宽，省手力，齑也容易熟，蒜也不会跳出来。杵长四

---

① 齑（jī）：捣碎的姜、蒜、韭菜等。

② 稜（léng）：同"棱"。物体上的条状突起，或不同方向的两个平面相连接的部分。

尺。进到臼里的这一段，七八寸长的，做成圆形；以上，露在臼外的，做成八棱。

平立着，急速地舂。舂得慢，蒜的荤臭熏人。久了，必定要换人——舂齑要久才熟，不能仓促而草率——坐久了也容易疲倦，坐着的人站起来，就会带起灰尘。再加上辛味熏人，揩汗时，可能就会染脏了齑。因此最好是站着舂。

蒜

蒜：净剥，掐去强根①；不去则苦。

尝经渡水者，蒜味甜美，剥即用。未尝渡水者，宜以鱼眼汤②潵③，银浴反，半许，半生用。

朝歌④大蒜，辛辣异常，宜分破去心；去心用之，不然辣，则失其食味也。

【译】蒜：剥净硬皮，掐掉底部枯死已久的根；不掐掉味道会苦。

经过水浸的蒜瓣，味道鲜美，剥去硬皮，掐掉枯死根，就直接用。没有用水浸过的，应当用起泡的开水过一半，另一半生用。

朝歌大蒜，分外辛辣，应当切破去掉心；除了心的用；不然太辣，齑就没有味了。

---

① 强根：枯死已久的根。

② 鱼眼汤：起泡的开水。

③ 潵（zhá）：同"炸"。

④ 朝歌：今属河南。

生姜

生姜：剥去皮，细切；以冷水和之，生存绞去苦汁。苦汁可以香①鱼羹。

无生姜用干姜：五升齑，用生姜一两；干姜则减半两耳。

【译】生姜：剥掉皮，切细；用冷水和进去，用布包着，绞掉苦汁。苦汁可以留下来作鱼羹的调料。

没有生姜，可以用干姜：做五升齑，要用一两生姜；干姜可以减少些，用半两就够了。

橘皮

橘皮：新者直用；陈者以汤洗去陈垢。

无橘皮，可用草橘子；马芹子②亦得用。五升齑，用一两草橘，马芹准此为度。

姜、橘，取其香气，不须多；多则味苦。

【译】橘皮：新鲜的橘皮可以直接用；陈的橘皮用热水洗去累积下来的灰尘。

没有橘皮，可以用草橘子；马芹子也可以用。五升齑，用一两草橘，马芹子分量相同。

---

① 香：将具有香气的"调和"或"作料"，加到烹调着的或已烹好的熟食物中，使食物得到香气。

② 马芹子：郑樵《通志》卷七五说马芹"俗谓胡芹"。《齐民要术》烹饪各篇引《食经》，《食次》用"胡芹"极多。《唐本草》："马芹子……调味用之，香似橘皮，而无苦味。"《本草纲目》卷二六说马芹子就是"野茴香"。

用姜和橘皮，是利用它们的香气，不要太多，多了味道会苦。

白梅

白梅：作白梅法[①]在"梅杏篇"。用时，合核用。五升
齑用八枚足矣。

【译】白梅：白梅的做法在"梅杏篇"里面。用时，连核一起用。五升齑，用八个白梅就够了。

熟栗黄

熟栗黄，谚曰："金齑玉脍。"橘皮多，则不美；故加
栗黄，取其金色，又益味甜。五升齑，用十八栗。

用黄软者。硬黑者，即不中使用也。

【译】熟栗子肉，俗话说："金齑玉脍。"就是要深黄色的齑。黄色固然可由橘皮得来，但橘皮多了，味道就不好了；所以加上熟栗子肉，利用它的金黄色，同时又有甜味。五升齑，用十八颗栗子。

要用黄色柔软的栗子。硬而黑色的，就不合用。

秔[②]米饭

秔米饭：脍齑[③]必须浓，故谚曰："倍著齑。"蒜多则
辣；故加饭，取其甜美耳。五升齑，用饭如鸡子许大。

---

① 作白梅法：梅子是酸的。在梅核刚长成的时候，摘下来，夜里用盐腌着，白天让太阳晒。一共过十夜，也就是浸十夜，晒十天，就成功了。

② 秔：同"粳"。

③ 脍齑：指脍中用的齑。下文"止为脍齑耳"，意同。

【译】做粳米饭的方法：脍中用的蒜要浓厚，所以俗话说：“多着蒜。”蒜多，可以增加稠度，但味道太辣；所以加些饭，这样蒜就甜美。五升蒜，用鸡蛋大的一团饭。

先捣白梅、姜、橘皮为末，贮出之。次捣栗、饭，使熟，以渐下生蒜，蒜顿难熟，故宜以渐；生蒜难捣，故须先下。春令熟。次下油蒜。蒜熟，下盐，复春令沫起。然后下白梅、姜、橘末；复春，令相得。

【译】先将白梅、姜、橘皮捣成末，捣好盛在另外的容器中。再将栗肉和饭捣熟，慢慢地将生蒜下进去，蒜不是立刻可以捣熟的，所以先要分几次慢慢下；生蒜比熟蒜难捣，所以要先下进去。春到熟。再放炸熟了的蒜。蒜捣熟了之后，放盐，再春，春到起泡沫。然后加已经春好的白梅、姜、橘皮末；再春到相互混和。

酢

下醋解之。白梅、姜、橘、不先捣，则不熟；不贮出，则为蒜所杀，无复香气。是以临熟乃下之。

醋必须好，恶则蒜苦。大醋经年酽者，先以水调和令得所，然后下之。慎勿着生水于中，令蒜辣而苦。纯着大醋，不与水调，醋，复不得美也。

右件法，止为脍蒜耳。余即薄作，不求浓。

脍鱼肉，里长一尺者，第一好。大则皮厚肉硬，不任食；止可作酢鱼耳。

切脍人，虽讫，亦不得洗手；洗手则脍湿。要待食罢，然后洗也。洗手则脍湿，物有自然相厌，盖亦烧穰杀瓠之流，其理难彰矣。

【译】将醋倒下去，调开来。白梅、姜、橘皮等，如果不先捣，就不会熟；不另外盛着，它们的香气就会被蒜消减了，不再有香气。所以要在快熟时才放下去。

醋必须选好的，用不好的醋，齑是苦的。经过了几年的陈大醋，很浓酽的，先用水掺和到合适，再搁下去。千万不可以向齑里下生水，否则齑就会辣而且苦。单纯放陈醋，不调些水，结果会太酸，也是不很好吃。

以上各种原料配合，只是为食脍用的齑。为其余用途的，该稀薄些，不必要求浓厚。

做脍的鱼，以多肉的鲤鱼，一尺左右长的为最好。太大了，皮厚肉硬，做脍不好吃，只可以做酢鱼。

……

《食经》曰："冬日，橘、蒜齑；夏日，白梅、蒜齑。肉脍不用梅[①]。"

[①] 肉脍不用梅：指肉脍所用的齑，不加白梅。则上文"白梅、蒜齑"，显然用于鱼脍。

【译】《食经》说："冬季，用橘、蒜菹；夏季，用白梅，蒜菹。肉脍所用的菹不用加白梅。"

芥子酱

作芥子酱法：先曝芥子令干，湿则用不密①也。

净淘沙②，研令极熟。多作者，可碓捣，下绢簁，然后水和更研之也。令悉著盆③。合著扫帚上，少时，杀④其苦气。多停，则令无复辛味矣；不停，则太辛苦。

抟作刀子，大如李；或饼子，任在人意也。复干曝，然后盛以绢囊，浓之于美酱中。须，则取食。

共为菹者，初杀讫，即下美酢之。

【译】做芥子酱的方法：先把芥子晒干，湿的研不熟。

把芥子里夹杂的沙淘净，研到极熟。做得多的，可以用碓捣，绢筛筛过，再和水更研。让研好的芥末全贴在盆里；倒盖在扫帚上，搁一小会儿，让苦气辣味减少一部分。但不要搁得太久，如果搁太久会使辛味完全丧失；如果不这样搁一会儿，就会太苦太辛辣。

用手捏成丸子，像李子一样大；或做成小饼子；随人的意思。再晒干，用绢袋盛着，泡在好酱里。需要时，取

---

① 用不密：未详。或有脱讹，待进一步查证。

② 淘沙：淘洗，拣选。

③ 令悉著盆：使调水研熟的芥子末全贴在盆底，以便于倒覆在炊帚上，使其散失和挥发一部分辛辣的芥子油，所谓"杀其苦气"。

④ 杀：这里为减少之意。

出来吃。

如果只是做齑用的，研好调好，再用好醋调稀。

芥酱

《食经》作芥酱法：熟捣芥子，细筛。取屑，著瓯里，蟹眼汤洗之。澄，去上清，后洗之。如此三过，而去其苦。

微火上搅之，少。覆瓯瓦上，以灰围瓯边，一宿则成。

以薄酢解，厚薄任意。

崔寔曰："八月收韭菁，作捣齑①。"

【译】《食经》中记载的做芥酱的方法：把芥子捣熟，仔细筛过，把粉末放在小碗里，用快烧开的水洗一遍。澄清，把上面的清水去掉，再洗。像这样洗三次，把苦味洗掉。

在小火上稍微搅一下，让它有些烫。把小碗倒覆在瓦上，用热灰围在旁边，过一夜，芥酱就做成了。

用淡醋调稀，要浓要淡，随自己的意愿。

崔寔《四民月令》说："八月收取韭菜花，作捣齑。"

① 收韭菁，作捣齑：从上下文义看，是两件互不相涉的事。

作鱼酢

凡作酢，春秋为时，冬夏不佳。寒时难熟；热，则非咸不成。咸复无味，兼生蛆，宜作裛①酢也。

取新鲤鱼。鱼，唯大为佳。瘦鱼弥胜：肥者虽美，而不耐久。肉长尺半已上，皮骨坚硬，不任为脍者，皆堪为酢也。

去鳞讫，则脔②。脔形长二寸、广一寸、厚五分；皆使脔别有皮。脔大者，外以过热，伤醋不成任食；中始可唼；近骨上，生腥不堪食。常三分收一耳。脔小则均熟。

寸数者，大率言耳；亦不可要然。

脊骨宜方斩③。其肉厚处，薄④收皮；肉薄处，小⑤复厚取皮脔别斩过。皆使有皮，不宜令有无皮脔也。

手掷著盆水中，浸洗，去血。

脔讫，漉出，更于清水中净洗，漉著盘中，以白盐散之。盛著笼中，平板石上，迮⑥去水。世名"逐水盐⑦"。水

---

① 裛（yì）：古同"浥"，沾湿。

② 脔（luán）：切成小块的肉。

③ 方斩：指竖斩，不是斩成方块。

④ 薄：指狭，横面的宽度，不是纵面的厚度。

⑤ 小：古与"少"通用，即稍微。

⑥ 迮（zé）：压迫。

⑦ 逐水盐：赶出水分的盐。

不尽，令脔烂；经宿迮之，亦无嫌也。

水尽，炙一片，尝咸淡。淡则更以盐和糁，咸则空下糁。下，复以盐按之。

炊秔米饭为糁；饭欲刚，不宜弱；弱则烂酢。并茱萸、橘皮、好酒，于盆中合和之。搅令糁著鱼乃佳。

茱萸全用，橘皮细切。并取香气，不求多也。无橘皮，草橘子亦得用。

酒辟诸邪，令酢美而速熟。率：一斗酢，用酒半斤。恶酒不用。

布鱼于瓮子中，一行鱼、一行糁，以满为限。腹腴①居上。肥则不能久，熟须先食故也。

鱼上多与糁。

以竹蒻交横帖②上。八重乃止。无蒻，菰、芦叶并可用。春冬无叶时，可皮苇代之。

削竹，插瓮子口内，交横络之。无竹者，用荆也。著屋中。著日中火边者，患臭而不美。寒月，穰厚茹，勿令冻也。

赤浆出，倾却；白浆出，味酸，便熟。

食时，手擘；刀切则腥。

【译】凡做酢，春季、秋季才是合适的时候，冬季、夏季不好做。天冷难熟；天热，不咸做不成。咸了便没有味，

---

① 腹腴：腹部"软边"，也就是肥的部分。

② 帖：通"贴"，意为铺贴上去。

再者，热天容易生蛆，所以只宜于做"裹酢"。

用新鲜鲤鱼，鱼越大越好。瘦鱼更好：肥鱼虽好，但不耐久。净肉长到一尺半以上，皮骨坚硬，不能做脍的，都可以做酢。

去掉鳞，切成块。每块两寸长、一寸宽、五分厚；每脔都得带上皮。肉块切得太大，外面因为熟过度，酸到吃不成；只有中间一层是好吃的；靠近骨头的，生而且有腥气，也不能吃。三份中，常常只有一份吃得上。肉块小的，便熟得均匀。

这些尺寸，也只是大概说的，不能刻板地做要求。

脊骨近旁，要竖斩下去。肉厚的地方，皮稍稍带薄一点；肉薄的地方，却要稍微厚些取皮。切下来的，每块肉都得有皮，不应该有没带皮的肉块在。

随手扔到盛着水的盆子里；浸着，洗掉血。

切完脔，整盆滤起来，再换清水洗净，滤出来放在盘里，将白盐撒在上面。盛在篓里，放在平正的石板上，压掉水。大家把这种盐称为"逐水盐"。鱼里面的水不赶尽，酢块就会烂；压榨过夜，也没有坏处。

水榨尽了之后，烧一脔试试咸淡。如果淡了，可以在要加下去的"糁"里再加些盐；如果咸了，加下去的糁就要单加。加完时，上面再盖一层盐。

将粳米炊熟作饭，当作糁；饭要硬些，不宜太软，软了酢会烂。把茱萸、橘皮、好酒在盆里混和。搅到糁能粘在酢上就可以了。

茱萸用整的，橘皮切细。这两样都是为了利用它们的香气，并不需要很多。没有橘皮，也可以用草橘子代替。

酒可以解除一切邪恶的东西，可以使酢鲜美而成熟得快。标准是：一斗酢用半斤酒。不好的酒不要用。

把鱼装在坛子里，要一层鱼、一层糁，直到装满为止。多脂肪的软边放在最上面。肥的不能耐久，熟了，要先吃。

最上面一层的鱼，上面多放些糁。

用竹叶和箬叶，交叉着平铺在顶上面。铺八层才够。没有箬叶，可以用菰叶、芦叶。如果是春天或冬天，没有新鲜的叶子，可以将芦苇茎劈破后来代替。

削些竹签，编在坛子口里，交叉织着。没有竹子，可以用荆条代替。放置在屋里面。如果放在太阳下面或者火边的，容易臭，而且味道不好。冷天，要用茎杆厚厚地包裹上，不要让它冻了。

如果红浆出来时，就倒掉；白浆出来，味道酸了，就成熟了。

食用时，用手撕；用刀切的会有腥气。

裹酢

作裹酢法：脔鱼。洗讫，则盐和，糁。十脔为裹，以荷叶裹之，唯厚为佳。穿破则虫入。不复须水浸镇连之事。只三二日，便熟，名曰"暴①酢"。

荷叶别有一种香，奇相发起，香气又胜凡酢。

有茱萸橘皮则用，无亦无嫌也。

【译】做裹酢的方法：鱼切成块状。洗过，就用盐和上，加上糁。十脔作一"裹"，用荷叶包裹起来，裹得越厚越好。破了，穿了孔，就会有虫进去。不需要水浸和压榨。只要两三天，就成熟了，称为"暴酢"。

荷叶有一种特别的清香，与酢的香气互相起发，比一般的酢还香。

有现成的茱萸和橘皮，就用上。没有也不妨事。

蒲酢

《食经》中作蒲酢法：取鲤鱼二尺以上，消，净治之。用米三合、盐二合，腌一宿，厚与糁。

【译】《食经》中记载的做蒲酢的方法：用长在二尺以上的鲤鱼，切成块状，洗净。用三合米、二合盐，混和后腌一夜，多放些糁。

鱼酢

作鱼酢法：刲鱼毕，便盐腌。一食顷，漉汁令尽，更净洗鱼。与饭裹，不用盐也。

【译】做鱼酢的方法：把鱼切成块状后，就用盐腌。一顿饭的时间之后，将汁滤干净，再将鱼洗一遍。只用饭包

---

① 暴：速成，快熟。

裹，不用搁盐。

长沙蒲酢

作长沙蒲酢法：治大鱼，洗令净；厚盐，令鱼不见。四五宿，洗去盐。炊白饭①渍清水中，盐饭酿。多饭无苦。

【译】做长沙蒲酢的方法：处理大鱼，洗净；厚厚地盖上盐，把鱼埋在盐里直到看不到鱼。过四五夜，将盐洗掉。炊些白饭连鱼浸在清水里，让盐和饭发酸。饭多些也不要紧。

夏月鱼酢

作夏月鱼酢法：脔一斗、盐一升八合，精米三升，炊作饭。酒二合、橘皮、姜半合、茱萸二十颗。抑著器中。多少以此为率。

【译】夏季做鱼酢的方法：一斗切成块状的鱼、一升八合盐、三升精米蒸成饭。两合酒、橘皮和姜各半合、二十颗茱萸，连鱼带饭一起拌和。按到容器里。不论做多少，都按照这个比例加减。

干鱼酢

作干鱼酢法：万宜春夏。取好干鱼，若烂者不中。截却头尾，暖汤净疏洗，去鳞。讫，复以冷水浸，一宿一易水。

数日肉起②，漉出，方四寸斩。

---

① 白饭：不是"白米饭"，而是米与水之外，不加任何其他成分的饭。

② 起：发涨。

炊粳米饭为糁；尝，咸淡得所。取生茱萸叶布瓮子底。少取生茱萸子和饭——取得而已，不必多，多则苦。

一重鱼，一重饭，饭倍多早熟。手按令坚实。荷叶闭口，无荷叶，取芦叶，无芦叶，干苇叶亦得。泥封，勿令漏气。置日中。

春秋一月，夏二十日便熟。久而弥好。

酒食俱入，酥涂火炙特精。脏之^①，尤美也。

【译】做干鱼酢的方法：春、夏季时做特别适宜。取好的干鱼——如果烂了的不适合用。——切去头和尾，热水洗净，去掉鳞。都做完了，再用冷水浸，每天换一次水。

过几天后，鱼肉发涨了，滤起来，斩成四寸见方的块。

将粳米炊成饭来做糁；尝一下，将咸淡调节到合适。取生茱萸叶铺在坛子底，用一点点茱萸子加入饭里——只为取得一些香气，不必多用，多了则味道苦。

一层鱼，一层饭，饭多，就熟得早。手按紧实。用荷叶遮住坛口，没有荷叶用芦叶；如果芦叶也没有，用干苇叶也可以。用泥封上，不要让它漏气。放在太阳下。

春季、秋季，要放置一个月；夏季，放置二十天，就熟了。越久越好。

下酒下饭都合适，如果用油涂过在火上烤熟，也非常好吃。做成"脏"，味道更加好。

---

① 脏之：把酢做成"脏"。脏是用鱼和肉煮成的羹。

猪肉酢

作猪肉酢法：用猪肥豵^①肉，净�^②治讫，剔去骨，作条，广五寸。三易水煮之，令熟为佳；勿令太烂。

熟，出，待干，切如酢臠，片之皆令带皮。

炊粳米饭为糁，以茱萸子白盐调和。布置一如鱼酢法。糁欲倍多，令早熟。

泥封，置日中，一月熟。

蒜齑、姜酢，任意所便。脠之，尤美，炙之，珍好。

【译】做猪肉酢的方法：用肥豵猪肉，先收拾干净，整治好，剔去骨头，做成五寸宽的条。换三次水煮，只要熟，不要太烂。

熟后，取出，干后，切成像鱼酢一样的块，每片都要带皮。

将粳米炊成饭来做糁，用茱萸子、白盐调和。过程都和做鱼酢一样。糁要加倍地多，这样，熟得早。

用泥封坛口，放在阳光下，一个月后就熟了。

用蒜齑或姜酢来蘸着吃，随自己的喜好。做脠更好，做炙，也很珍贵。

---

① 豵（zōng）：《说文》："生六月为豚……一日，一岁曰豵"。猪肥豵肉，意为肥豵猪肉。

② 燄（yàn）：古同"焰"，火苗。

脯腊

五味脯 ①

作五味脯法：正月、二月、九月、十月为佳。用牛、羊、獐、鹿、野猪、家猪肉。

或作条、或作片。罢②，凡破肉皆须顺理，不用斜断。各自别。

捶牛、羊骨令碎，熟煮，取汁；掠去浮沫，停之使清。

取香美豉，别以冷水，淘去尘秽。用骨汁煮豉，色足味调，漉去滓，待冷下盐。适口而已，勿使过咸。

细切葱白，捣令熟。椒、姜、橘皮，皆末之。量多少。以浸脯。手揉令彻。

片脯，三宿则出；条脯，须尝看味彻，乃出。

皆细绳穿，于屋北檐下阴干。

条脯：㳠㳠时，数以手搦令坚实。

脯成，置虚静库③中。着烟气则味苦。纸袋笼而悬之。

---

① 五味脯：五香腊肉。五味即葱白、花椒、生姜、橘皮、豉汁。

② 罢：完了、结束。

③ 虚静库：意为闲静、干净的储藏间。

置于瓮，则郁浥①。若不笼②，则青蝇尘汙③。

腊月中作条者，名曰"瘃脯④"，堪度夏。

每取时，先取其肥者。肥者腻，不耐久。

【译】做五味脯的方法：在正月、二月、九月、十月时做为好。用牛、羊、獐、鹿、野猪、家猪的肉。

或者做成条，或者做成片。做完，切肉时，都要顺着肌肉走向，不要斜切。分别隔开放置。

将牛、羊骨捶碎，煮的时间长些，取得汤汁；将汁上浮着的泡沫掠掉，停放，澄清。

取香而鲜美的豆豉，另用冷水，淘掉灰尘和杂质。再用骨头汤煮豆豉，等豆豉汤颜色够了、味也调好了，把豆豉渣滤掉；晾凉后，加盐。适合口味就行了，不要太咸。

葱白切细捣熟。花椒、姜、橘皮，都捣成粉末。用量自己斟酌。把做脯的肉料浸在里面。用手揉，让这些调料透进肉料里面。

片脯，过三夜后取出来；条脯，要尝过，香味、口味够了，再取出。

都用细绳子穿着，挂在屋子北面房檐下，阴干。

条脯：在半干半湿的时候，反复用手捏紧实。

---

① 郁浥：意指潮湿不干。

② 笼：套起来。

③ 汙（wū）：古同"污"。

④ 瘃（zhú）脯：就是经腊月风冻而成的"腊肉"。肉受冻后称为"瘃"。

脯做成后，放在空而干净的储藏室里。遇上了烟气，味道就苦。用纸口袋包着挂起来。放在坛子里，就会潮湿不干，会变质。如果不套起来，就会让苍蝇尘土污染了。

腊月里做的条脯，叫作"瘃脯"，可以经过夏天。

每次取用时，先取肥的。肥的油多，不耐久存。

度夏白脯^①

作度夏白脯法：腊月作最佳。正月、二月、三月，亦得作之。用牛、羊、獐、鹿肉之精者。杂腻则不耐久。

碎作片。罢，冷水浸，搦去血，水清乃止。

以冷水淘白盐，停取清，下椒末，浸。再宿，出，阴干。

浥浥时，以木棒轻打，令坚实。仅使坚实而已，慎勿令碎肉出。

瘦死牛羊以羔犊弥精。小羔子，全浸之。先用暖汤净洗，无复腥气，乃浸之。

【译】做能过夏天用的白脯：腊月做的最好。正月、二月、三月也可以做。用牛、羊、獐、鹿的好精肉。有肥的掺在里面就不耐久存。

肉切成片。切完后用冷水浸泡，挤去血水，直到水清为止。

用冷水淘洗白盐，澄清后，取得清盐卤，加些花椒末，将肉浸泡着。过一夜，取出来，阴干。

① 白脯：所制作的腊肉只加入盐和花椒来调味，不加五味，称为"白脯"。

在肉半干半湿的时候，用木棒轻轻地打，让肉紧实。只要肉紧实就可以了，不要打出碎肉来。

瘦死的牛、羊选用羊羔、牛犊更好。小羔子，整只去浸泡。先用热水洗净，至没有腥气时再浸泡。

甜①脃②脯

作甜脃脯法：腊月取麞③鹿肉，片厚薄如手掌，直阴干，不着盐。脃如凌雪也。

【译】做甜脃脯的方法：腊月的时候，将獐鹿肉切成片——像手掌一样薄厚，直接阴干，不要加盐。干后，像冰冻过的凌雪一样地脃。

鳢鱼脯

作鳢鱼脯法：一名"鲖鱼④"也。十一月初至十二月末作之。

不鳞不破，直以杖刺口令到尾。杖尖头作樗蒲之形⑤。

作咸汤，令极咸；多下姜、椒末。灌鱼口，以满为度。

竹杖穿眼，十个一绩；口向上，于屋北檐下悬之。

---

① 甜：此为针对不加盐来说。即不加盐的本味，南方称为"淡"，北方称为"甜"。

② 脃（cuì）：古同"脆"。

③ 麞（zhāng）：古同"獐"。

④ 鲖（tóng）鱼：古之贡品，盛产于鲖城护城河而得名，鳞片金黄，鳍尾鲜红，状如鲤鱼，体形美观。其肉呈蒜瓣形，肉质细嫩，味道鲜美。鲖鱼有养胎、健胃、消肿、止泻之功效，为鱼类之佳品。

⑤ 樗（chū）蒲（pú）之形：指杖的上端削成尖锐形。

经冬令瘃[1]。至二月三月，鱼成。

生刳[2]取五脏，酸醋浸食之，隽美乃胜逐夷[3]。

其鱼，草裹泥封封，煻[4]灰中爊[5]之。去泥草，以皮布裹而捶之。

白如珂雪，味又绝伦。过饭下酒，极是珍美也。

【译】做鳢鱼脯的方法：鳢鱼也叫“鲖鱼”。在十一月初到十二月底的时候做。

不去鳞，不破膛，用一条小棍一直从口刺到尾。把小棍尖头削得尖尖的。

做些咸汤，要极咸极咸的；多搁些姜和花椒末。灌在鱼口里，灌满为止。

用小棍从鱼眼里穿过去，把十条鱼穿成一串，口朝上，挂在北面屋檐下。

经过一冬，让它冻干。到二月、三月的时候，鱼脯就做好了。

把鱼的脏腑刳出来，生的，用酸醋浸泡后吃，比“逐夷”还鲜美。

鱼，要用草包裹，再用泥封上，放在快要熄灭的火灰里

---

① 瘃：原意是冻疮，此处指冰冻变干。

② 刳（kū）：指从中间破开再挖空。

③ 逐夷：也就是本书《作酱法》篇中的“鲢鮧”，即吃鱼肠等五脏的。

④ 煻（táng）：快要熄灭的火灰。

⑤ 爊（āo）：古同“熬”。指在热灰中煨。

面煨熟后，解掉泥草，再用熟皮或布裹着，把鱼捶软。

鱼肉像白雪一样地白，味道又极其鲜美；吃饭下酒，都是上好的菜肴。

五味腊

五味腊法：腊月初作。用鹅、雁、鸡、鸭、鸧[1]、鸨[2]、凫[3]、雉、兔、鸽、鹑、生鱼[4]，皆得作。乃净治去腥窍[5]及翠上"脂瓶[6]"。留脂瓶则臊也。全浸，勿四破。

别煮牛羊骨肉取汁（牛羊科得一种，不须并用），浸豉调和，一同五味脯法。

浸四五日，尝，味彻便出，置箔上阴干。火炙熟捶。

亦名"瘃腊"，亦名"瘃鱼"，亦名"鱼腊"。鸡、雉、鹑三物，直去腥藏，勿开膉[7]。

【译】做五味腊的方法：要在腊月初做。用鹅、雁、鸡、鸭、鸧鸹、鸨、野鸭、野鸡、兔、鸽子、鹌鹑、乌鳢，

---

① 鸧（cāng）：鸧鸹（guā），亦作"鸧括"，水鸟名。似鹤，苍青色，亦称麋鸹。

② 鸨（bǎo）：古同"鸨"。鸟类的一种，比雁略大，背上有黄褐色和黑色斑纹，不善于飞，而善于走，能涉水。

③ 凫（fú）：水鸟的一种，俗称"野鸭"，似鸭，雄的头部绿色，背部黑褐色，雌的全身黑褐色，常群游湖泊中，能飞。

④ 生鱼：可指乌鳢，俗称黑鱼。它生性凶猛，繁殖力强，胃口奇大，常能吃掉自身生存的湖泊或池塘里的其他所有鱼类，甚至不放过自己的幼鱼。黑鱼还能在陆地上滑行，迁移到其他水域寻找食物，可以离水生活达三天之久。是中国人的"盘中佳肴"。

⑤ 腥窍：生殖腔。

⑥ 脂瓶：指尾上的脂腺。

⑦ 膉：胸。

都可以做。整治干净,把生殖腔和尾上的脂腺去掉。如果留着脂腺,就会有臊味。整只地浸泡,不要切开。

另外用牛、羊骨煮出汁后(牛或羊,只选用一种,不需要同时用两样),浸泡豆豉,得到豉汁,加入香料和盐等调和,与前面所说的"五味脯法"一样。

浸泡四五天后,尝一尝,味道可以了,就取出来,放在席箔上阴干。用火烤熟,仔细捶打。

这种脯,也叫"瘃腊",也叫"瘃鱼",也叫"鱼腊"。鸡、野鸡、鹌鹑这三种材料,只掏出内脏,去掉腥窍和脂瓶,不要开膛。

脆腊

作脆腊法:腊月初作。任为五味脯者,皆中作,唯鱼不中耳。白汤熟煮,接去浮沫。欲出釜时,尤须急火。急火则易燥。

置箔上阴干之,甜脆殊常。

【译】做脆脯的方法:要在腊月初做。凡可以做五味脯的材料,都可以做脆脯,不过不能用鱼。要在白开水里煮熟,舀去汤上的泡沫。快出锅时,更要用急火。用急火,则容易使材料干燥。

将脆脯放在席箔上阴干,口味特别甜而且脆。

浥鱼

作浥鱼法：四时皆得作之。凡生鱼，悉中用；唯除鮎^①鳠^②耳。

去直鳃^③，破腹，作鲅。净疏洗，不须鳞^④。

夏月特须多著盐；春秋及冬，调适而已，亦须倚咸^⑤。

两两相合。冬直积置，以席覆之；夏须瓮盛泥封，勿令蝇蛆。瓮须钻底数孔，拔，引去腥汁，汁尽远塞。

肉红赤色，便熟。

食时，洗却盐。煮、蒸、炮^⑥任意，美于常鱼。作酢、酱、爊、煎，悉得。

【译】做浥鱼的方法：一年四季都可以做。所有新鲜的鱼，都可以选用；只有鮧鱼和鳠鱼不能做。

将鱼只去掉腮、破开肚，切成两半边（即切成两片），洗净，不要去鳞。

夏季做，一定要多放盐；春、秋、冬三季，适合口味就可以了，但也要稍微咸些。

---

① 鮎：通常写作"鲶"，现在称为"鲖（huí）鱼"，又写作"鮠（wéi）鱼"。没有鳞且黏液极多。

② 鳠（hù）：鱼的一种，体略细长，无鳞，灰褐色，头扁平，口上有须四对，尾鳍分叉，生活于淡水中。没有鳞而黏液极多。

③ 去直鳃：只要去掉鳃。

④ 不须鳞：就是去鳞。

⑤ 倚咸：偏咸，稍微多放些盐。

⑥ 炮：肉外用物包裹，放在火中烤炙。

将两个鱼片，肉向肉地对合起来。冬季，就这样搁着，用席盖住；夏季，就要坛子盛着，用泥封口，不要让苍蝇在里面产蛆。坛子底要钻几个孔，拔掉塞子将腥汁流去，汁流尽了再塞上。

鱼肉变成红色时，就熟了。

吃时，把盐洗掉。煮、蒸或者明火烤都可以，味道比一般的鱼好吃。也可以做成酢、酱鱼，或者用热灰煨熟吃，或者用油炸着吃。

羹臛①法

芋子酸臛

《食经》作芋子酸臛法：猪、羊肉各一斤，水一斗，煮令熟。

成治芋子一升，别蒸之。

葱白一升，著肉中合煮，使熟。

粳米三合、盐一合、豉汁一升、苦酒五合，口调其味。生姜十两，得臛一斗。

【译】《食经》里的做芋子酸臛的方法：猪肉、羊肉各一斤，一斗水，把肉煮熟。

取整治后并切好的小芋一升，另外蒸好。

一升葱白，加到肉里面去同煮，煮熟。

三合粳米、一合盐、一升豉汁、五合醋——用口尝试，把味道调整到合适。——加十两生姜，总共得到一斗臛。

鸭臛

作鸭臛法：用小鸭六头、羊肉二斤。——大鸭五头——葱三升、芋二十株、桔皮三叶、木兰②五寸、生姜十两、豉汁五合、米一升。口调其味。得臛一斗。

---

① 臛（huò）：肉羹。

② 木兰：落叶乔木，古时用其树皮做香味料，如用桂皮。

先以八升酒煮鸭也。

【译】做鸭臛的方法：用六只小鸭、两斤羊肉。大鸭用五只，另外，用三升葱、二十个芋、三片橘皮、五寸长的木兰皮、十两生姜、五合豉汁、一升米，与羊肉同已经煮过的鸭肉一齐煮，尝过，调和味道。煮好后，可以得到一斗臛。

先用八升酒把鸭煮好。

鳖臛

作鳖臛法：鳖，且①完全煮，去甲藏。羊肉一斤、葱三升、豉五合、粳米半合、姜五两、木兰一寸、酒二升，煮鳖。盐、苦酒；口调其味也。

【译】做鳖臛的方法：先将鳖整只煮过，再除掉外壳和内脏。另外加一斤羊肉、三升葱、五合豉汁、半合粳米、五两姜、一寸木兰皮、两升酒，煮鳖。加盐、醋。尝后，调合味道。

猪蹄酸羹一斛

作猪蹄酸羹一斛法：猪蹄三具②，煮令烂，擘去大骨，乃下葱豉汁、苦酒、盐，口调其味。

旧法用饧六斤，今除也。

【译】做一斛猪蹄酸羹的方法：三副猪蹄，煮烂，去掉大骨头。再将葱、豉汁、醋、盐等下锅，尝后，调合口味。

---

① 且：姑且，暂且。意指暂且先作处理。

② 猪蹄三具：三具就是三副。一具猪蹄，就是整个四只蹄全包括在内。

依旧时的方法，还要加六斤饧糖，现在不用了。

羊蹄臛

作羊蹄臛法：羊蹄七具、羊肉十五斤、葱三升、豉汁五升、米一升。口调其味。生姜十两、桔皮三叶也。

【译】做羊蹄臛的方法：七副羊蹄、十五斤羊肉、三升葱、五升豉汁、一升米，一起煮。尝后，将口味调到合适。另加十两生姜、三片橘皮。

兔臛

作兔臛法：兔一头，断，大如枣。水三升、酒一升、木兰五分、葱三升、米一合。盐、豉、苦酒，口调其味也。

【译】做兔臛的方法：将一只兔，斫成枣子大小的块。用三升水、一斤酒、五分木兰皮、三升葱、一合米，一起煮。加盐、豆豉、醋，尝后，调到合味。

作酸羹法

作酸羹法：用羊肠二具、饧六斤、瓠叶六斤、葱头二升、小蒜三升、面三升。豉汁、生姜、桔皮，口调之。

【译】做酸羹的方法：用两副羊肠、六斤饧糖、六斤瓠叶、两升葱头、三升小蒜、三升面粉，一起煮。加入豉汁、生姜、橘皮，尝后，调到合味。

胡羹

作胡羹法：用羊胁①六斤，又肉四斤，水四升，煮。出

---

① 胁：胸部两侧的肉，也就是"排骨肉"。

胁，世之。

葱头一斤、胡荽①一两、安石榴汁数合。口调其味。

【译】做胡羹的方法：用六斤羊排骨肉，另外用四斤净肉，加四升水煮。熟后把排骨肉取出来，切好。

加一斤葱头、一两胡荽、几合安石榴汁。尝后，调到合味。

胡麻羹

作胡麻羹法：用胡麻一斗，捣，煮令熟，研取汁三升。

葱头二升、米二合，著火上。葱头半熟，得二升半在。

【译】做胡麻羹的方法：用一斗胡麻，捣烂，煮熟，研出三升汁来。

加两升葱头、两合米，在火上再煮。至葱头半熟为止，可以得到两升半羹。

瓠叶羹

作瓠叶羹法：用瓠叶五斤、羊肉三斤、葱二升、盐蚁②五合，口调其味。

【译】做瓠叶羹的方法：用五斤瓠叶、三斤羊肉、两升葱、五合盐，同煮。尝后，将味道调到合适。

鸡羹

作鸡羹法：鸡一头，解，骨肉相离。切肉，琢骨，煮

---

① 胡荽：这里指胡荽的子实。

② 盐蚁：不详。疑为一种细盐。

使熟。

漉去骨。以葱头二升、枣三十枚，合煮，羹一斗五升。

【译】做鸡羹的方法：一只鸡，剖开腔，将骨和肉分开。肉切过，骨上的肉剁细碎，煮熟。

骨头滤取出去。加两升葱、三十颗枣，同煮，可出一斗五升羹。

笋箊①鸭羹

作笋箊鸭羹法：肥鸭一只，净治如糁羹法；脔亦如此。

箊四升，洗令极净；盐尽，别水煮数沸，出之，更洗。

小蒜白及葱白、豉汁等下之，令沸，便熟也。

【译】做箊鸭羹的方法：肥鸭一只，切成块，收拾干净，像做糁羹的方法一样。

四升笋俎，洗到非常干净；盐要洗尽后，另外用清水煮开几遍，取出来，再洗。

将小蒜白、葱白和豉汁下锅，再煮开，就熟了。

肺膹

肺膹②法：羊肺一具，煮令熟，细切。别作羊肉臛，以粳米二合、生姜，煮之。

【译】肺膹的做法：一副羊肺，煮熟，切碎。另外做成

---

① 箊（zǔ）：笋俎，咸的笋干。

② 膹（sǔn）：将熟肉切了再煮。

羊肉浓汤，加上两合粳米、适量生姜，连羊肺一并放在羊肉臞里煮。

羊盘肠雌斛

作羊盘肠雌斛法：取羊血五升，去中脉麻迹[1]，裂之。

细切羊胳肪[2]二升，切生姜一斤。桔皮三叶、椒末一合、豆酱清一升、豉汁五合、面一升五合，和米一升作糁。都合和。更以水三升浇之。

解大肠，淘洗，复以白酒一过，洗肠中屈申。以和灌肠。屈，长五寸，煮之。视血不出，便熟。

寸切，以苦酒酱食之也。

【译】做羊盘肠雌斛的方法：取五升凝固了的羊血，把血中的大条、小条的"麻迹"除掉，弄破。

把两升羊板油切细碎，再切一斤生姜。再加入三片橘皮、一合花椒末、一升豆酱清、五合豉汁、一升五合麦粉，掺和一升米，做成糁饭。再将羊板油和生姜掺和起来。加三升水，煮开。

将羊大肠的肠间膜切断，淘洗，再用白酒，把肠中弯曲的地方，洗一遍。把前面做好的料灌进肠里，弯曲地折叠成五寸长，上锅煮。看着如果没有血渗出来，就熟了。

---

[1] 中脉麻迹：血液凝固时，"可溶性"的蛋白质血纤维原便变性成为丝条状的血纤维，沉淀分出。这些血纤维丝条，有粗有细，联合成为一个网状体系，可以全部取出。中脉麻迹，就是指这种网状的血纤维。

[2] 胳肪：就是胸腹侧面的脂肪。

切成一寸长的段，用醋和酱蘸着吃。

羊"节解"

羊"节解"法：羊胜^①一枚，以水杂生米三升、葱一虎口^②，煮之，令半熟。

取肥鸭肉一斤、羊肉一斤、猪肉半斤，合剉，作臛。下蜜，令甜。

以向熟羊胜，投臛里，更煮。得两沸，便熟。

治羊，合皮如猪㹠法^③，善矣。

【译】做羊"节解"的方法：一个羊百叶，加入三升米、一把葱，加水，煮到半熟。

取一斤肥鸭肉、一斤羊肉、半斤猪肉，混合切碎，做成浓汤。加蜜，成为甜口儿。

把半熟的羊百叶，放进浓汤里，再煮。煮两开，就熟了。

处理带皮的羊肉，与处理小猪的手法一样就可以了。

羌煮

羌煮法：好鹿头，纯^④煮令熟，著水中，洗治；作脔如两指大。猪肉琢作臛，下葱白，长寸一虎口。细琢姜及桔皮各半合、椒少许。下苦酒、盐、豉，适口。

---

① 胜（pí）：同"膍（pí）"，即牛胃，俗称百叶。

② 虎口：大拇指和食指相连的地方，称为"虎口"；在这里意为一把、一握。

③ 治羊，合皮如猪㹠（tún）法：此处指宰治羊只，不能剥皮，像烤小猪一样的方法。㹠，古同"豚"，小猪，亦泛指猪。

④ 纯：意指单个、整个，即整个鹿头。

一鹿头用二斤猪肉作臛。

【译】做羌煮的方法：选用好的鹿头，单独煮熟后，在水里整治干净，切成两个手指大小的块儿。将猪肉切碎，煮成浓汤，加些葱白，两寸长一条的，共用一把。半合切碎的姜和半合橘皮、少许花椒，再加些醋、盐和豆豉，调到口味合适。

一只鹿头要用两斤猪肉做的浓汤。

食脍鱼莼羹

食脍鱼莼羹：茆羹①之菜，莼为第一。

四月，莼生茎而未叶，名作"雉尾莼②"，第一肥美。

叶舒长足，名曰"丝莼③"，五月、六月用。

丝莼：入七月尽，九月、十月内，不中食；莼有蜗虫④著故也。虫甚微细，与莼一体，不可识别，食之损人。

十月，水冻虫死，莼还可食。

从十月尽至三月，皆食"环莼"。环莼者，根上头，丝莼下茇⑤也。丝莼既死，上有根茇；形似珊瑚。一寸许，肥滑处，任用；深取即苦涩。

---

① 茆（mào）羹：指煮在肉汤里的青菜。

② 雉尾莼：莼在春夏间，其嫩茎、叶尚未开展时采摘的，品质最好，称为"雉尾莼""雉莼"。

③ 丝莼：莼的后叶稍舒长，品质次之，称为"丝莼"。

④ 蜗虫：指寄生于莼的一种小虫。

⑤ 茇（bá）：草木的根。

凡丝莼，陂池种者，色黄肥好，直净洗则用。

野取，色青，须别铛中热汤暂煠①之，然后用；不煠则苦涩。

丝莼环莼，悉长用，不切。

鱼莼等并冷水下。

若无莼者，春中可用芜菁英②，秋夏可畦种芮菘芜菁叶，冬用荠菜以芼之。

芜菁等，宜待沸，接去上沫，然后下之③。

皆少着，不用多；多则失羹味，干芜菁无味，不中用。

豉汁，于别铛中汤煮，一沸，漉出滓，澄而用之，勿以杓抳④！抳则羹浊，过⑤不清。

煮豉，但作新琥珀色而已，勿令过黑；黑则盐⑥苦。

唯莼毛，而不得着葱、薤⑦及米、糁、菹、醋等。莼尤不宜咸。

羹熟，即下清冷水。大率，羹一斗，用水一升。多则加

---

① 煠（zhá）：同"炸"，指在汤中见沸即出锅，去其苦涩。

② 英：嫩叶。

③ 接去上沫，然后下之：所指应是冷水先下鱼，待水沸腾后，撇去上层浮沫，然后再下菜。

④ 抳（ní）：意为研磨。

⑤ 过：指过掉渣滓，也就是澄取清汁的意思。

⑥ 盐：咸。

⑦ 薤（xiè）：同"薤（xiè）"，多年生草本植物，地下有鳞茎，叶子细长，花紫色。鳞茎可做蔬菜。

之，益羹清隽。

甜羹①下菜、豉、盐，悉不得搅；搅则鱼莼碎，令羹浊而不能好。

《食经》曰："莼羹，鱼长二寸。唯莼不切。鳢鱼，冷水入莼；白鱼②，冷水入莼，沸入鱼与咸豉。"

又云："鱼长三寸、广二寸半。"

又云："莼细择，以汤沙③之。"

中破鳢鱼，邪截④令薄，准广二寸，横尽也，鱼半体。煮三沸，浑下⑤莼。与豉汁渍盐⑥。

【译】食鱼胾的莼羹：煮在肉羹里的青菜，莼是最好的。

四月间，莼茎开始生长，还没有叶的时候，名叫"雉尾莼"，最肥也最美。

到叶子舒展开来，长满了，名叫"丝莼"，五月、六月间可以用。

丝莼：到七月底，九月、十月间，就不可以吃了；因为这时候莼上面有小虫粘着。——这种虫很细小，与莼菜联结成一体，不能分辨；吃下去，对人有害。

---

① 甜羹：没有加盐而不咸的羹，称为"甜羹"。

② 白鱼：鲌鱼，也叫鳔（jiǎo）鱼。身体延长，侧扁，鳞细，为淡水经济鱼类之一。

③ 沙：同前文的"煠"，指在汤中暂沸即出锅。

④ 邪截：斜切。

⑤ 浑下：意为将食材整个下锅。浑，整个的，不可分割的。

⑥ 渍盐：指浸渍后澄去渣滓的浓盐汁，避免搅拌使羹浑浊。

十月间，水冻了，虫死了，莼又可以吃了。

从十月底到第二年三月，所吃的都是"环莼"。环莼，是根的上头，也就是丝莼下面的根茇。丝莼死了之后，下面留着根茇，形状像珊瑚一样。前端一寸左右的地方，肥而且滑，可以吃；再深些，味就苦涩了。

凡属在陂池里种的丝莼，颜色带黄，肥美好吃，只要洗干净就可以用了。

采取野生的莼，颜色青绿的，需要在另外的锅中烧好热水，把莼菜放下去，焯一下，然后用。如果不焯一下，味道是苦涩的。

丝莼和环莼，采来多长，就用多长，不要切。

鱼和焯好的莼同冷水一并下锅。

如果没有莼菜，春季可以用芜菁叶；秋季和夏季，可以用地里种的芥菜、菘菜或芜菁叶子；冬季用荠菜来做青菜羹。

芜菁等，要等汤沸了，将浮面的泡沫去掉，然后放下去。

这些菜，都只能少放一些，不要放得太多；多了，羹就失了味道。干芜菁叶没有味，不适合用。

豉汁，在另外的锅里用开水煮，开一遍，把豆豉渣滤掉，澄清后再用。不要用勺子研磨，如研磨过，汤就浑浊了，过滤也不会清。

煮豉汁，只要有新琥珀一般的浅黄褐色就够了，不要太黑，黑了就会过咸过苦。

只可以用莼菜作青菜羹，不可以加葱、薤、米糁、酸菜、醋等。莼菜更不宜于用咸的。

羹熟了之后，立刻加入清冷水。一般标准，一斗羹用一升水。羹多，照比例增加水，使羹更加清爽。

甜羹里加菜、豉汁、盐的时候，一定不可以搅和；如果搅和，就会把鱼和莼菜弄碎了，羹也就混浊了，不好。

《食经》说："莼羹，鱼切成两寸长。但是莼菜不切。如果用的是鳢鱼，就和莼菜一并放进冷水里；如果是白鱼，则莼菜下在冷水里，汤烧开后再放鱼和咸豆豉。"

又说："鱼切成三寸长、两寸半宽。"

又说："莼菜，仔细择净，用热水焯过"。

鳢鱼要沿着背脊和腹中线破开，斜着切成薄片，两寸宽，已经横着尽到鱼半身的宽度了。鱼煮三开后，将整个的莼菜放下去，再加豉汁和浓盐汁。

醋菹鹅（鸭）羹

醋菹鹅（鸭）羹：方寸准。熬之，与豉汁米汁。细切醋菹①与之；下盐。半奠②。不醋③，与菹汁。

---

① 醋菹：酸泡菜。

② 半奠：是容器中盛到半满。"奠"，烹调就绪后，一份一份地盛入容器，准备送到席上去时的手续。"满奠"，是盛满；"双奠"是盛两件；"浑奠"，是整件盛出；"擘奠"，是撕开盛出。

③ 不醋：意为不够酸。

【译】做醋菹鹅（鸭）羹的方法：（将鹅或鸭）切成一寸的片，炒过，加豉汁和米汤。将酸泡菜切得极碎后下锅；再加盐。每份只盛半碗上桌。如果不够酸，可加些酸菜汁。

菰菌鱼羹

菰菌鱼羹：鱼，方寸准；菌，汤沙中出，劈。先煮菌令沸，下鱼。

又云：先下，与鱼、菌①、茉②、糁、葱、豉。

又云：洗，不沙。肥肉亦可用。半奠之。

【译】做菰菌鱼羹的方法：鱼，切成一寸见方；菇菌先在开水中焯过，劈破开。先把焯过的菇菌煮沸，然后放鱼片。

又一说：先下鱼，再下菇菌、米、糁、葱、豆豉。

又一说：将菇菌洗净，不要焯水。肥肉也可以用。每份只盛半碗上桌。

笋箬鱼羹

笋箬鱼羹：箬，汤渍令释，细擘。先煮箬，令煮沸；下鱼，盐、豉。半奠之。

【译】做笋箬鱼羹的方法：将笋箬用热水浸到发涨，撕成细条。先把笋箬煮开；再放鱼，加盐、豆豉。每份只盛半碗上桌。

---

① 先下，与鱼、菌：应为"先下鱼，与菌……"。

② 茉：不详，疑为"米"字。

鳢鱼臛

鳢鱼臛：用极大者，一尺已下不合用。汤、鳞、治、邪截臛叶^①，方寸半准。豉汁与鱼俱下水中，与研米汁^②，煮熟。与盐、姜、桔皮、椒末、酒。

鳢涩，故须米汁^③也。

【译】做鳢鱼臛的方法：要用大鱼，一尺以下的不适合用。将鱼用水烫过去鳞，整治干净，斜切成一寸半见方的薄片。豉汁和鱼一并下入水中，加入碎米汁，煮熟。再加入适量的盐、姜、橘皮、椒末、酒。

鳢鱼肉粗涩，所以要加些碎米汁。

鲤鱼臛

鲤鱼臛：用大者。鳞、治，方寸，厚五分。煮和如鳢臛。与全米糁。奠时，去米粒，半奠。若过半奠，不合法也。

【译】做鲤鱼臛的方法：要用大鱼。去鳞，整治干净，切成一寸见方、五分厚的块。像煮鳢臛一样地煮。要用整粒的米做糁。盛上席时，把米粒除掉，只盛半碗上桌。如果超过半碗，就不合规矩了。

---

① 臛叶：疑为切成大而薄的片。

② 研米汁：指经过粉碎后的米做的汁。

③ 故须米汁：我国烹调中的特色之一，是先用少量淀粉糊（文中用的是粉碎后的米粉的汁），裹在肉类片或丝外面，再加高温。这样的处理，可以保持肉类滑嫩适口。

脍臛[1]

脍臛：用猪肠。经汤出，三寸断之，决破，切细，熬。与水，沸，下豉清，破米汁。

葱、姜、椒、胡芹、小蒜、芥，并细切锻[2]，下盐、醋、蒜子，细切。

将血奠与之。早与血，则变大，可增米奠。

【译】做脍臛的方法：用猪肠。洗净，用开水烫过，取出来，切成三寸长的段，纵切破，再切细，炒过。加水，水烧开后，加入澄清的豉汁和碎米汁。

加葱、姜、花椒、胡芹、小蒜、芥，都切细切碎，再下盐、醋、蒜子，蒜子也要细切。

煮好，将烫过的生血放下去，就盛出来上桌。血放得太早，就会变大，可以增加米汁，盛着端上桌。

鳢鱼汤脔[3]

鳢鱼汤脔：用人鳢，一尺已下不合用。净鳞治，及霍叶[4]：斜截为方寸半、厚三寸。

豉汁与鱼俱下水中。水，与白米糁。糁，煮熟，与盐、姜、椒、桔皮、屑米。

半奠时，勿令有糁。

---

① 脍臛（chǎn）：指用猪肠和椒盐等调味品等制作的羹汤。

② 锻：锤锻，引申意思为不断地细切。

③ 脔（zhè）：也是脔割的意思。

④ 霍叶：同前文"藿叶"。

【译】做鳢鱼汤臛的方法：要用大鳢肉，一尺以下的鱼不合用。去掉鳞，整治干净。切成薄片，斜切成寸半见方，三寸厚的块。

豉汁和鱼，一并下进水中。水里，先放些白米做糁。糁煮熟了，放盐、花椒、橘皮和米粉。

盛半碗上桌，上桌时，不要让碗里有米糁。

鮀^①臛

鮀臛：汤燖^②，去腹中，净洗。中解，五寸断之。煮沸，令变色，出。

方寸分准，熬之，与豉清研汁，煮令极熟。葱、姜、桔皮、胡芹、小蒜，并细切锻，与之。下盐、醋。半奠。

【译】做鮀臛的方法：（将鮀）在开水中烫过，抹掉凝固了的黏液，剖开鮀的腹腔，除掉内脏，洗净。将鮀破开，切成五寸长的段节，煮开，鮀变白色后，取出来。

切成一寸见方的块，加油炒过，放些澄清的豉汁和碎米汁，煮到极熟。葱、姜、橘皮、胡芹、小蒜，都切细斫碎，加下去。加盐、醋。只盛半碗上桌。

椠^③淡

椠淡：用肥鹅（鸭）肉，浑煮，斫为候：长二寸、广一寸、厚四分许。去大骨。

---

① 鮀（tuó）："鮀（tuó）"的异体字。古代一种生活在淡水中的吹沙小鱼。

② 燖（xún）：这里指在热水里烫过。

③ 椠（qiàn）：古代以木削成用作书写的但尚未书写的书版。片。这里指"木耳"。

白汤别煮槷，经半日久，漉出，淅其中，杓迮去令尽①。

羊肉下汁中煮。与盐豉。将熟，细切锻，胡芹、小蒜与之。生熟如烂，不与醋。

若无槷，用菰菌；用地菌，黑里不中。槷：大者中破，小者浑用。

槷者，树根下生木耳，要复接地生，不黑者，乃中用。半奠也。

【译】做木耳淡的方法：用肥鹅（鸭）肉，整只地煮熟，切成两寸长、一寸宽、四分厚的块。大骨头去掉。

用白开水另外先将木耳煮过，过了半天，滤出来，用勺子将所含的水榨干以后，放进肉汤里浸着。

将羊肉放到浸着木耳的肉汁里煮。加盐与豆豉。快熟时，把切细剁碎的胡芹、小蒜加下去。煮熟，如此太烂，就不加醋。

如果没有木耳，用菇菌；也可以用地菌，但黑心的不能用。用木耳时，大的破开成两半，小的整个用。

"槷"，是树根下生出的木耳；总之，贴地面生长、不黑的才适合用。

只盛半碗上桌。

---

① 淅其中，杓迮去令尽：用勺子将槷里所含的白汤榨干之后，再放在鹅鸭肉汤中泡着。淅，淘米。

损肾

损肾：用牛（羊）百叶，净治、令白。薤叶切^①，长四寸；下盐、豉中。不令大沸！大熟则秬；但令小卷，止。与二寸苏、姜末，和肉。漉取汁^②，盘满奠。

又用肾，切长二寸、广寸、厚五分，作如上。

奠。亦用八^③。姜、薤，别奠随之也。

【译】做损肾的方法：用牛（羊）百叶，整治干净，到颜色变白。切成像薤叶一样宽、四寸长的丝。放进有了盐和豉汁的汤里。不要煮到大开！太熟的，就柔韧（咬不动），只要稍微有些卷起就停止。将两寸苏叶、少许姜末，掺和在肉里面。滤掉汁，放进盘子里，满盛上桌。

另外，用肾，切成两寸长、一寸宽、五分厚的片，像百叶一样做法。

盛入盘中上桌。也是八件盛一盘。姜和薤，另外盛着，一同上桌。

烂熟

烂熟：烂熟肉谐，令胜刀；切长三寸、广半寸、厚三寸半。

将用，肉汁中葱、姜、椒、桔皮、胡芹、小蒜，并细切锻。并盐、醋与之。

---

① 薤叶切：薤，通"薤"。一种蔬菜，即藠（jiāo）头。指将牛百叶切成薤叶宽的细条，而不是切薤叶。

② 漉取汁：取出液汁叫"漉"。

③ 八：指八片腰子装在一个盘子里。

别作臃。临用，写臃中，和奠。有沈。将用，乃下肉候汁中，小久则变大，可增之。

【译】做烂熟的方法：将肉煮到恰好烂熟，能够用刀切；切成三寸长、半寸宽、三寸半厚的块。

要吃时，在肉汁里加上葱、姜、花椒、橘皮、胡芹、小蒜，这些都要切细切碎。同时加盐、醋调味。

另外做好浓肉汤。要上桌时，把调和好的肉汁倒下去，掺和起来盛。有些东西就会沉下去。要吃时，再将肉块放进肉汁中。时间久些，肉会涨大，可以再加些汁。

治羹臃伤咸法

治羹臃伤咸法：取车辙中干土末，绵筛。以两重帛作袋子盛之，绳系令坚坚，沈著铛中。须臾则淡，便引出。

【译】羹臃太咸的补救方法：在车辙里取得干土粉末，用丝绵筛过。盛在两层茧绸做成的口袋里，用绳子绑得结结实实，沉到锅里去。不久，汤就淡了，把口袋再拿出来。

蒸缹①

蒸熊

《食经》曰："蒸熊法：取三升肉，熊一头②，净治，煮令不能半熟，以豉清渍之，一宿。生秫米二升，勿近水，净拭，以豉汁浓者二升，渍米，令色黄赤。炊作饭。以葱白长三寸一升，细切姜、桔皮各二升，盐三合，合和之。著甑中，蒸之取熟。"

蒸羊、㹠、鹅、鸭，悉如此。

一本③："用猪膏三升、豉汁一升，合洒之④；用桔皮一升。"

【译】《食经》里记载的蒸熊法："能去三升肉的一头熊崽。将熊收拾干净，煮制至四成熟（还不到半熟），用豉汁清浸泡一夜。取两升生秫米，不要沾水，只用布揩抹干净，用豉汁——要浓的——两升，浸泡秫米，让秫米的颜色变成红黄。再炊成饭。再用葱白——三寸长的——一升，切细的姜和橘皮每样两升，加三合盐，连同饭和肉一并混和起

---

① 缹（fǒu）：煮。

② 熊一头：未详。这里用料不大，肯定不是一只大熊。疑为仅能取三升肉的熊崽。

③ 一本：是《食经》的不同版本，说明当时以《食经》为名的书不止一种，或者同一书经过后人的传抄损益已有差异。此种情况，别处还有。

④ 合洒之：意指在蒸汽的过程中洒在熊肉上。

来。放进甑里，上锅蒸到熟。"

蒸羊、小猪、鹅、鸭，都是这样的方法。

另一版本："用三升猪油、一升豉汁，混合着洒在熊肉上面。另加一升橘皮。"

蒸㹠

蒸㹠法：好肥㹠一头，净洗垢，煮令半熟，以豉汁渍之。

生秫米一升，勿令近水。浓豉汁渍米，令黄色，炊作馈，复以豉汁洒之①。

细切姜、桔皮各一升，葱白三寸，四升，桔叶一升，合著甑中。密复，蒸两三炊久；复以猪膏三升，合豉汁一升，洒。便熟也。

蒸熊、羊如㹠法，鹅亦如此。

【译】蒸小猪的方法：好的一只肥小猪，将皮上的垢洗干净，煮到半熟，用豆豉汁浸泡。

一升生秫米，不要沾水。用浓豉汁浸泡，直到秫米颜色变黄，炊成馈，再在饭未熟时洒上豉汁。

切细的生姜和橘皮各一升、三寸长的葱白四升、橘叶一升，合起来放进甑里面。盖严密，蒸两三顿饭的时间。再用三升猪油、一升豉汁和起来，洒在米饭上。再蒸一

---

① 复以豉汁洒之：馈是蒸饭，在尚未熟透的时候，洒上豉汁，除调味外，也起到加水复蒸的作用。

次，就熟了。

蒸熊、羊，都像蒸小猪一样的方法。蒸鹅也是这样的。

蒸鸡

蒸鸡法：肥鸡一头，净治。猪肉一斤、香豉一升、盐五合①、葱白半虎口、苏叶一寸围、豉汁三升。著盐，安甑中，蒸令极熟。

【译】蒸鸡的方法：一只肥鸡，收拾干净。一斤猪肉、一升香豆豉、五合米、半把葱白、一小把苏叶、三升豉汁，加盐之后，放在甑里蒸，蒸到极熟即可。

缹猪肉

缹猪肉法：净燖猪讫，更以热汤遍洗之。毛孔中即有垢出，以草痛揩，如此三遍。

疏洗令净，四破，于大釜煮之。以杓接取浮脂，别著瓮中，稍稍添水，数数接脂，脂尽漉出，破为四方寸脔，易水更煮。

下酒二升，以杀腥臊，青、白②皆得。若无酒，以酢浆代之。

添水接脂，一如上法。

脂尽，无复腥气，漉出。板切③于铜铛中缹之。

一行肉，一行擘葱、浑豉、白盐、姜、椒。如是次第布

---

① 盐五合：盐的用量太大，而且下文与"著盐"重复，疑应为"米五合"。

② 青、白：酒。白，如白醪酒之类。青，清酒。

③ 板切：切成片。

讫，下水㵗之。肉作琥珀色乃止。

恣意饱食，亦不餟①，乃胜燠肉②。

欲得着冬瓜、甘瓠者，于铜器中布肉时下之。

其盆中脂，练白如珂雪，可以供余用者焉。

【译】煮猪肉的方法：猪用开水烫后去毛，收拾干净，再用热水整个清洗一遍，将毛孔里的垢土，用草使力揩抹。像这样洗抹三遍。

用水洗干净后，破开成四块，放在大锅里煮。用勺子将汤面上浮起的油撇出来，另外搁在一个坛子里。再向锅里稍微加上一点水，不断地把油撇掉，油撇完了，滤出来，切破成为四方寸的肉块，换水再煮。

放两升酒下去，去掉猪肉的腥臊气味——清酒、白酒都可以；如果没有酒，可以用酸浆水代替。

添水，撇油，像上面所说的方法一样。

油撇完了，腥气也就没有了，滤出米。再在板上切成片，在铜铛里煮。

码放一层肉，再放一层撕开的葱、整颗的豆豉、白盐、姜和花椒。像这样分层地布置完，加水下去，再煮。肉煮成琥珀色，就停手。

这样煮的肉，很好吃，多吃也不会觉得太腻，比燠肉

---

① 餟（yuàn）：指满足。

② 燠肉：一种用油煮或油渍的极其油腻的肉。

要好。

如果想要加些冬瓜、甘瓠瓜菜，可以在向铜锅里铺肉时就加进去。

坛子里接取的油，很洁白，像雪花一样，可以供其他多种用途。

缹豚

缹豚法：肥豚一头，十五斤，水三斗，甘酒三升。合煮，令熟；漉出，擘之。

用稻米四升，炊一装①，姜一升、桔皮二叶、葱白三升，豉汁涑②炊一装。馈作糁。

令用酱清调味，蒸之。炊一石米顷，下之也。

【译】煮小猪的方法：一只十五斤重的肥小猪，加三斗水、三升好酒。一并将肉煮到熟；滤出来，破开。

用四升大米，炊一次做成馈。用一升姜、两片橘皮、三升葱白，掺和在馈里面，再加入豉汁，做成糁。

再用酱清调和味道，蒸制。炊一石米所需的时间后，取出即可。

缹鹅

缹鹅法：肥鹅，治、解、脔切之，长二寸。率：十五斤

---

① 炊一装：因蒸物要装在甑中，故称一蒸为"一装"。

② 涑（sù）：同"漱"，这里引申为将姜、桔皮、葱掺和在馈饭中，再加入豉汁、酱清汁调味。

肉、秫米四升为糁。先装如蒸豚法；讫，和以豉汁、桔皮、葱白、酱清、生姜。蒸之，如炊一石米顷，下之。

【译】煮鹅的方法：将肥鹅处理干净，切开成为两寸长的肉块。按比例，十五斤鹅肉，用四升秫米做糁。如蒸小猪的方法一样，将米装进甑；然后再用豉汁、橘皮、葱白、酱清、生姜等调和。蒸制，蒸炊一石米所需的时间，取出即可。

胡炮肉

胡炮①肉法：肥白羊肉，生始周年者，杀，则生缕切②如细叶。脂亦切。著浑豉、盐、擘葱白、姜、椒、荜拨、胡椒，令调适。

净洗羊肚，翻之，以切肉脂，内于肚中，以向满为限。缝合。

作浪中坑③，火烧使赤。却灰火，内脏著坑中，不以灰火复之。

于上更燃火，炊一石米顷，便熟。

香美异常，非煮炙之例。

【译】胡人（外国）炮肉的方法：肥的白羊生下来一周年的杀死，立即连刀（趁新鲜）切成细片。羊板油也切成细片。加上整颗豆豉、盐、撕开了的葱白、生姜、花椒、荜

---

① 炮：同"炰（páo）"，把肉用泥包好放在火上烧烤。

② 缕切：连刀"细切"。

③ 浪中坑：中间一处特别深下去，成为一个中空的"陷"的坑。

拔、胡椒，将口味调合适。

将羊肚洗净，翻转来，把切好的羊肉和羊油，灌进肚里，以快要满时为限度。将口缝起来。

掘一个中空的坑，用火把坑烧热。除掉灰和火，把包有羊肉、羊油的羊肚放到坑里，不要用灰火盖着。

在灰上再烧火，烧到炊一石米所需的时间，就熟了。

又香又好吃，可不是寻常煮肉、炙肉之类的东西。

蒸羊

蒸羊法：缕切羊肉一斤，豉汁和之。葱白一升著上，合蒸。熟，出，可食之。

【译】蒸羊肉的方法：一斤连刀细切的羊肉片，用豉汁调和。将一升葱白，放在肉片的上面，盖起来一起蒸制。蒸熟取出，就可以食用了。

蒸猪头

蒸猪头法：取生猪头，去其骨；煮一沸，刀细切，水中治之。以清酒、盐、肉①，蒸。皆口调和。熟，以干姜、椒著上，食之。

【译】蒸猪头的方法：用新鲜猪头，去掉骨头；煮一开，用刀切细，在水里处理干净。加清酒、盐、豆豉，蒸制。尝一下，调到合适的口味。蒸熟后，将干的姜和花椒末撒在上面来食用。

---

① 盐、肉：疑是"盐、豉"之误。

悬熟

作悬熟法：猪肉十斤去皮，切脔。葱白一升、生姜五合、桔皮二叶、秫三升、豉汁五合，调味。若蒸七斗米顷下。

【译】做"悬熟"的方法：十斤猪肉，去掉皮，切成块。一升葱白、五合生姜、两片橘皮、三升秫米、五合豉汁，调合味道。用大概蒸熟七斗米饭的时间蒸，取出即可。

《食次》蒸熊

《食次》曰："熊蒸，大，剥大烂。小者，去头脚，开腹。浑复蒸。熟，擘之；片大如手。"

又云："方二寸许，豉汁煮。秫米，䪨白寸断，桔皮、胡芹、小蒜并细切，盐，和糁。更蒸，肉一重，间未①。尽令烂熟。方六寸、厚一寸。奠，合糁。"

又云："秫米、盐、豉、葱、姜，切锻为屑，内熊腹中。蒸熟，擘奠。糁在下，肉在上。"

又云："四破，蒸令小熟。糁用馈。葱、盐、豉和之。宜肉下②更蒸。蒸熟，擘。糁在下；干姜、椒、桔皮、糁，在上③。"

"豚蒸，如蒸熊。"

"鹅蒸，去头如豚。"

---

① 未：此处疑应为"米"。

② 宜肉下：熊肉在下，糁在上。

③ 干姜、椒、桔皮、糁，在上：指在下面已经有了糁的熊肉上面，再加上干姜、椒、橘皮、糁等。

【译】《食次》记载的蒸熊的方法："大熊，剥皮，不煺毛。小熊，不剥皮，要煺掉毛；去掉头、脚，开膛。全部盖严实后蒸制。蒸熟后，撕成手掌大的肉片。"

另一做法："切成两寸左右见方的块，用豉汁煮。秫米、蒩子白，切成一寸长的段，橘皮、胡芹、小蒜都切细，盐，和成糁。再蒸，一层肉，一层米，蒸到烂熟。做成六寸见方、一寸厚的肉块，连糁米一并盛碗上桌。"

另一做法："秫米、盐、豆豉、葱、姜，切细斫碎，灌进熊肚里。蒸熟，撕开来装碗。糁放在下面，肉在上面。"

另一做法："破成四大块，蒸到稍微有些熟。再用馈做糁，和上葱、盐、豆豉。放在肉的下面，一并蒸制。蒸熟后，撕开。糁在碗底；干姜、花椒、橘皮撒在上面。"

"蒸小猪，像蒸熊一样。"

"蒸鹅，像蒸小猪一样，去掉头。"

《食次》裹蒸生鱼

《食次》曰："裹蒸生鱼：方七寸准。又云'五寸准'豉汁煮，秫米如蒸熊，生姜、桔皮、胡芹、小蒜、盐，细切，熬糁。"

"膏油涂箸，十字裹之①。糁在上，复以糁屈牖簪之②。"

---

① 裹之：裹鱼。

② 复以糁屈牖（yǒu）簪（zān）之：指再用一种细竹签，来串联起竹箸。"糁"应是"篸"之误，这里是针、竹签的意思。"牖"指竹箸的缝隙，用竹签穿牢。"篸"，此处为动词，作串联讲。

又云："盐和糁，上下与，细切生姜、桔皮、葱白、胡芹、小蒜。置上，箬箬蒸之。既奠，开箬，褚①边奠上。"

【译】《食次》记载的裹蒸的方法："将生鱼切成七寸见方的片。也有一说，是'五寸见方'的片，用豉汁煮，秫米做糁，像蒸熊一样，生姜、橘皮、胡芹、小蒜、盐，都切细，炒进糁里面。"

"用油涂在箬叶上，十字交叉地包裹。下面放一层糁，上面又用糁盖着。包裹后，弯过箬叶两头开口的地方，用竹签串联住。"

另一方法："盐和米做成糁，上下都加些切细了的生姜、橘皮、葱白、胡芹、小蒜。将鱼放在箬叶上，用竹签串联住箬叶，蒸制。上桌时，把箬叶摊开'褚边'（露出菜品），就可食用了。"

《食次》毛②蒸鱼菜

《食次》曰：毛蒸鱼菜："白鱼、鳊鱼③最上，净治，不去鳞。一尺已还，浑。盐、豉、胡芹、小蒜，细切，着鱼中，与菜并蒸。"

又："鱼方寸准，亦云'五六寸'，下盐豉汁中，即出，菜上蒸之。奠，亦菜上蒸。"又云："竹篮盛鱼，菜

---

① 褚（chǔ）：同"褚"。指在衣服里面翻装棉絮。这里也是装进褶进的意思。指将打开后的箬叶褶叠进去，不要挡在外面。

② 毛：指"不去鳞"。

③ 鳊（biān）鱼：不详，疑为"鳊鱼"。

上。"又云："竹蒸,并奠。"

【译】《食次》记载的毛蒸鱼菜的方法："选用白鱼、鳊鱼最好。整治干净,但不去鳞。一尺以内的,整条地用。盐、豆豉、胡芹、小蒜都要切细,放进鱼里面,与菜一并蒸制。"

另一个方法："一寸见方的鱼,也有说'五六寸'的,放在盐和豆豉汁里,浸泡一下就拿出来,放在菜上面蒸制。上桌时,也要放在菜上面。"又说："竹篮盛鱼,菜放在鱼上面蒸制。"又说："用竹篮蒸制,也就用竹篮上桌。"

《食次》蒸藕法

《食次》曰："蒸藕法:水和稻穰、糠,揩令净。斫去节,与蜜灌孔里使满。溲苏面①,封下头。蒸熟。除面,写去蜜,削去皮,以刀截,奠之。"又云："夏生冬熟,只奠亦得。"

【译】《食次》记载的蒸藕的方法:"用水和着稻穰、稻糠,把藕擦洗干净。切掉藕节,用蜜灌进孔里,灌满。加些苏油溲面,封住下头(底部),蒸制。蒸熟以后,除掉苏油溲面,将蜜倒出来,削掉皮,改刀装碗,上桌。"……

---

① 苏面:可能是指用苏油溲面。

胚、䏙^①、煎、消^②法

胚鱼酢法

胚鱼酢法：先下水，盐、浑豉、擘葱，次下猪、羊、牛三种肉，䏙两沸，下酢。打破鸡子四枚，写中，如"瀹鸡子法^③"。鸡子浮，便熟，食之。

【译】胚鱼酢的做法：先放水，加盐、整颗的豆豉和撕开的葱，再放猪、羊、牛三种肉。这样的胚，煮开锅两次，放酢鱼下去。打破四个鸡蛋，倒下去，就像"沦鸡子法"一样。在鸡蛋浮到汤面上后，就熟了，可以食用了。

胚酢法

《食经》胚酢法："破生鸡子，豉汁，酢，俱煮沸，即奠。"

又云："浑用豉，奠讫，以鸡子豉怗。"

又云："酢，沸汤中；与豉汁、浑葱白。破鸡子，写中。奠二升，用鸡子，众物是停^④也。"

---

① 胚（zhēng）、䏙（ān）：古代两种烹饪技法，属同类，都是用水、液烩煮食材。胚，指杂合鱼、肉一起烩煮。䏙，单纯烩煮一种鱼或肉。

② 煎、消：古代两种烹饪技法，属同类，均是用油煎炒。煎，是油炸或炒。消，即斫碎的肉，调和后，加油炒熟。

③ 瀹鸡子法：见《齐民要术》卷六《养鸡》篇。瀹，同"沦"。

④ 众物是停：可能是指单用酢，不和入其他的肉类；也可能是指最后一道菜。

【译】《食经》中的胜酢的做法：“打破生鸡蛋，和豉汁、酢，一同煮沸，就装碗上桌。”

又说：“用整颗的豆豉。盛好后，将鸡蛋和豆豉漂在汤面上。”

又说：“酢，放进沸着的汤里；再加豉汁、整条的葱白。打破鸡蛋，倒下去。盛进碗，每碗两升，仅用鸡蛋，其他材料留下不用。”

"五侯胜"法

"五侯胜[①]"法：用食板零揲[②]杂酢，肉，合水煮，如作羹法。

【译】做"五侯胜"的方法：将砧板上切下的零星肉，掺和上酢、肉，一并用水煮制，就像做肉汤的方法一样。

纯胜鱼法

纯胜鱼法：一名"焦鱼"。用鳠鱼，治腹里，去腮不去鳞。以咸豉、葱白姜、橘皮、酢。细切合煮；沸乃浑[③]下鱼。葱白浑用。

又云：“下鱼中煮沸，与豉汁、浑葱白；将熟下酢。”

又云：“切生姜，令长。奠时，葱在上。大奠一；小奠二；若大鱼成治，准此。”

---

① 五侯胜：《西京杂记》卷二中有记载，杂合五家的肴馔一起来回煮，称为"五侯鲭"。这里将鱼肉零件等杂和在一起烧煮，其实就是杂烩而已，但还沿用此名。

② 零揲（shé）：意为"零择"，即零择杂件做成"杂烩"式的菜肴。

③ 浑：整个。

【译】做纯胵鱼的方法：又称为"煮鱼"。用鳍鱼做，把内脏去掉，鳃去掉，但不去鳞。用咸豆豉、葱白、姜、橘皮，都切细和醋一起煮；煮开后，将整条鱼放下去。葱白也整条地用。

又说："把鱼放下去煮开，加豉汁和整条的葱白，快熟时再加醋。"

又说："将生姜，切成长条的丝。装碗上桌时，葱在鱼的上面。大鱼，每份盛一条；小鱼每份盛两条；如果是更大的鱼，成只地整理过的，依比例加或减。"

腊鸡

腊鸡，一名"焦鸡"，一名"鸡臘"："以浑盐豉、葱白，中截，干苏微火炙，生苏不炙。与成治浑鸡，俱下水中，熟煮。出鸡及葱，漉出汁中苏、豉，澄令清。擘肉，广寸余，奠之，以暖汁沃之。肉若冷，将奠，蒸令暖，满椒。"

又云："葱、苏、盐、豉汁，与鸡俱煮。即熟，擘奠。与汁，葱、苏在上，莫安下。可增葱白，擘令细也。"

【译】腊鸡的做法，又称为"焦鸡"，亦称为"鸡臘"："用整颗的咸豆豉、整个的葱白，中间切开，干苏叶稍微在火上烘一烘，生的就不要烘了。与处理好了的整鸡，一并放进水里，煮熟。将葱和鸡取出来，滤出汁里残留的苏叶、豆豉，澄清。改刀鸡肉，破开一寸多长的块，装满碗上桌，用热的汤汁浇上。如果肉冷了，在上桌之前蒸热。装满碗上桌。"

又说："葱、苏叶、盐、豉汁，和鸡一起煮。熟了之后，破开来盛。加些汁，把葱和苏叶放在肉的上面，不要放在下面。可以多加些葱白，葱白应当撕碎。"

腤白肉

腤白肉：一名"白煮肉"。盐、豉煮，令向熟。薄切，长二寸半、广一寸准，甚薄。下新水中^①，与浑葱白、小蒜、盐、豉清。又^②，蘁叶，切长二寸。

与葱、姜，不与小蒜，蘁亦可^③。

【译】做腤白肉的方法：又称为"白煮肉"。用盐、豆豉煮肉，煮到快熟。切成薄薄的两寸半长、一寸宽的肉片，肉片要很薄。放进另外的水里，加整条的葱白、小蒜，盐、清豉汁。又一法，加蘁叶，切成两寸长。

只加葱、姜，不加小蒜，用蘁叶代替也可以。

腤猪法

腤猪法：一名"煮猪肉"，一名"猪肉盐豉"，一如"煮白肉"之法。

【译】做腤猪的方法：又称为"煮猪肉"，又称为"盐豉猪肉"。一切像做"煮白肉"的方法一样。

---

① 下新水中：此处省去了"煮""腤"一类的字。《食经》文中常见。

② 又：指又一法。

③ 蘁亦可：指不用小蒜时可用蘁叶代替，当然是可以的。

脂鱼法

脂鱼法：用鲫鱼，浑用，软体鱼不用。鳞治。刀细切葱，与豉、葱俱下。葱长四寸。将熟，细切姜、胡芹、小蒜与之。汁色欲黑。无酢者，不用椒。若大鱼，方寸准得用。软体之鱼、大鱼不好也。

【译】做脂鱼的方法：用鲫鱼，整只地用，软鱼不要用。去掉鳞，处理干净。葱用刀切细碎，将豆豉、葱一齐下锅。葱段四寸长。快熟时，将切细的生姜、胡芹、小蒜加进去。汤的颜色要发黑。如果没有放醋，就不要加花椒。如果鱼太大，可以切成一寸见方的块儿。软体鱼、大鱼不太好。

蜜纯煎鱼法

蜜纯煎鱼法：用鲫鱼，治腹中，不鳞。苦酒、蜜，中半，和盐渍鱼；一炊久，漉出。膏油熬之，令赤，浑奠焉。

【译】做蜜纯煎鱼的方法：用鲫鱼，把内脏去掉，不要去鳞。醋、蜜，一样一半，加上盐，将鱼腌制；炊一顿饭的时间，将鱼滤出来。用油煎，至颜色变红即可，整只装盘上桌。

勒鸭[①]消

勒鸭消：细斫，熬；如饼臛[②]，熬之令小熟。姜、橘、椒、胡芹、小蒜，并细切。熬黍米糁[③]。盐、豉汁下肉中复

---

① 勒鸭：南方的一种水禽。

② 饼臛：配面条用的碎肉浓汤。饼，指"汤饼"。

③ 熬黍米糁：将姜、椒等炒进黍米做的糁里。

熬，令似熟①，色黑，平满奠。

兔、雉肉次好。凡肉，赤理皆可用。

勒鸭之小者，大如鸠鸽，色白也。

【译】做勒鸭消的方法：将勒鸭斫碎，炒制；像浇面用的浓汤一样，炒到稍微有些熟。姜、橘皮、花椒、胡芹、小蒜，都切细，炒进黍米做的糁里。另外加盐和豉汁，连米糁一并加到肉里面再炒，炒到极熟，颜色黑了，平满地盛在容器中上桌。

兔肉和野鸡肉，是次等的好材料。此外，凡属红色的肉都可以这样做。

勒鸭的个头儿中小的，像斑鸠和鸽子一样大，羽毛颜色为白。

鸭煎法

鸭煎法：用新成子鸭极肥者，其大如雉，去头，烂治，却腥翠五藏，又净洗，细剉如笼肉②。

细切葱白，下盐、豉汁，炒令极熟，下椒姜末，食之。

【译】做鸭煎的方法：用新长大的子鸭，极肥的，像野鸡一样大。去掉头，收拾干净，去掉尾腺和内脏，再洗净，切得像做馅的肉一样碎。

葱白切细，加盐和豆豉汁，将肉炒到极熟，再加花椒、姜末食用。

---

① 似熟：此处有"极熟"之意。

② 笼肉：做馅用的肉。

菹^①绿

白菹

《食经》曰："白菹：鹅、鸭、鸡，白煮者。鹿骨^②，斫为准，长三寸、广一寸，下杯^③中。以成清^④紫菜三四片加上。盐醋和肉汁沃之。"

又云："亦细切苏^⑤加上"。

又云："准讫，肉汁中更煮，亦啖少与米糁。凡不醋不紫菜。满奠焉。"

【译】《食经》记载白菹的做法："鹅、鸭、鸡，白水煮熟的，滤掉骨头，切成三寸长、一寸宽的条，放进盛汤的容器里。取浸好的三四片紫菜，加在肉条上，用盐、醋和在肉汁里浇在肉上。"

又说："也可以将紫苏切细，加在肉条上面。"

又说："切好肉条，在肉汁里再煮，连菹一并盛上，稍微加些米糁。如果不酸，就不加紫菜。盛满碗上桌即可。"

---

① 菹（zū）：菜菹和肉菹。菜菹是腌泡菜，肉菹是加了酸味的菜肴。

② 鹿骨：把熟肉汤里的骨滤掉。

③ 杯：古所谓"杯"，不仅仅是指杯子，而是把杯、盘、羹器统称为"杯"。

④ 成清：指渍清的紫菜。

⑤ 苏：指紫苏，古时用作香味料。

菹肖①

菹肖法：用猪肉，羊鹿肥者。蘸叶细切，熬之，与盐、豉汁。细切菜菹叶，细如小虫，丝长至五寸，下肉里。多与菹汁，令酢。

【译】菹肖的做法：用肥的猪肉或羊肉、鹿肉。切成像蘸叶的细丝，炒制，加盐和豉汁。将菜菹叶切细，切成小虫一样的，丝大约五寸长，放进肉里面。多加些菹汁，让口味酸。

蝉脯②菹

蝉脯菹法：搥之，火炙令熟，细擘，下酢。

又云：蒸之，细切香菜③，置上。

又云：下沸汤中，即出，擘如上。香菜蓼法④。

【译】蝉脯菹的做法：将蝉干捶过，在火上烤熟，撕碎，加醋。

又说：将蝉干蒸熟，把香菜切细，撒在上面。

又说：放在滚汤里，随即取出，像上文所说的那样撕碎。用香菜撒在肉上。

绿肉

绿肉法：用猪、鸡、鸭肉，方寸准，熬之。与盐、豉汁

① 菹肖：菹消，合消法和肉菹而成。

② 蝉脯：疑为蝉干。

③ 香菜：罗勒、胡荽、香薷（rú）等古时均为香菜的名称。

④ 香菜蓼法：疑为撒上香菜。此处如无文字错误，就是《食经》中另有"香菜蓼法"之说，但《齐民要术》未引。

煮之。葱、姜、桔、胡芹、小蒜，细切与之。下醋。

切肉名曰"绿肉"，猪、鸡名曰"酸"。

【译】做绿肉的方法：用猪、鸡、鸭肉，切成一寸见方的肉块，炒过。加盐、豉汁煮制。把葱、姜、橘皮、胡芹、小蒜都切细加下去，再加醋。

切肉称为"绿肉"，猪、鸡称为"酸"。

白瀹①豘

白瀹（瀹，煮也）豘法：用乳下②肥豘。作鱼眼汤，下冷水和之，挲③豘令净，罢。若有粗毛，镊子拔却；柔毛则剔之。茅蒿④叶揩、洗，刀刮、削，令极净。

净揩釜，勿令渝。——釜渝则豘黑。

绢袋盛豘，酢浆水煮之。系小石，勿使浮出⑤。

上有浮沫，数接去。两沸，急出之。

及热，以冷水沃豘。又以茅蒿叶揩令极白净。

以少许面，和水为面浆；复绢袋盛豘系石，于面浆中煮之。接去浮沫，一如上法。

好熟，出著盆中。以冷水和煮豘面浆，使暖暖，于盆中

---

① 瀹（yuè）：本义为"煮"，指肉在汤中暂煮。

② 乳下：意为未断奶。乳下豘，未断奶的小猪。

③ 挲（xún）：古同"燖"，指煺去毛脏。

④ 蒿：古人有以蒿做用具的习惯。

⑤ 系小石，勿使浮出：意为将食材系上小石头，让食材悬浮于沸汤中，不使其着底，也不使其上浮。

浸之。然后擘食。

皮如玉色，滑而且美。

【译】做白煮小猪的方法：选用未断奶的小肥猪。水烧到冒着大泡，将小猪烫过，掺冷水和好，把小猪燖去毛和内脏，干净后停手。如有粗毛，用镊子拔掉；如有软毛，就用刀剃净。用茅蒿叶擦洗，用刀刮削，总之收拾干净。

把锅也揩擦到非常干净，不要让它变色。——锅变色，小猪会变黑。

用绢袋盛着小猪，加酸浆水煮。袋子上坠些小石子，免得它浮出来。

汤上有泡沫浮出时，就不断地撇掉。煮两开，赶紧取出来。

趁热用冷水浇凉。再用茅蒿叶，擦到白而净。

取一点面粉，和上水，做成面浆，再用绢袋盛着小猪，坠上石子，在面浆里煮。将泡沫撇掉，像上面所说的方法一样。

煮熟后，拿出来放在盆里。用冷水掺和在原来煮猪的面浆里，使其保温，在盆子里浸泡着，然后掰碎后食用。

小猪的皮色像玉一样，肉滑嫩而且甜美。

酸豘

酸豘法：用乳下豘，燖治旋，并骨折齑之，令片别带皮。细切葱白，豉汁炒之，香。微下水。烂煮为佳。下粳米为糁，细擘葱白，并豉汁下之。熟下椒、醋。大美。

【译】酸小猪的做法：选用未断奶的小猪，把小猪煺去毛脏收拾干净，连骨一起斩成块，让每块儿肉都带皮。把葱白切细，加入豉汁，将肉炒香。加少许水。将肉煮烂。加些粳米作为米糁，将葱白撕碎，连同豉汁一起，下到肉里。熟了之后，再加入花椒、醋。这道菜肴极好吃。

炙法

炙㹠

炙㹠法：用乳下㹠，极肥者，豮①牸②俱得。

挈治一如煮法。揩洗、刮、削，令极净。小开腹③，去五藏，又净洗。

以矛茹④腹令满。柞木⑤穿，缓火遥炙，急转勿住，转常使周匝；不匝，则偏燋也。

清酒数涂，以发色。色足便止。

取新猪膏极白净者，涂拭勿住。若无新猪膏，净麻油亦得。

色同琥珀，又类真金；入口则消，状若凌雪，含浆膏润，特异凡常也。

【译】做炙小猪的方法：用未断奶的小猪，要极肥壮的，雄、雌都可以用。

把小猪像"白瀹㹠法"一样处理干净。用茅蒿叶揩抹，

---

① 豮（fén）：雄性小猪。

② 牸（zì）：雌性小猪。

③ 小开腹：只将腹壁切开一点，而不动胸壁。

④ 茅茹：用香茅塞进去。茹，这里作塞进讲。

⑤ 柞木：栎。落叶乔木，叶子长椭圆形，结球形坚果，叶可喂蚕；木材坚硬，可制家具，供建筑用，树皮可鞣皮或做染料。亦称"麻栎""橡"；通称"柞树"。

洗涤，用刀刮削，去毛，弄到非常干净。在肚皮上作"小开膛"，掏去五脏，再洗净。

用香茅塞进肚腔里，塞得满满的。用坚硬的柞木棍穿起来，慢火，离火远些烤着，一边炙，一边快速不停地转动。要随时转动到面面周到，不周到，就会有一面特别焦。

用滤过的清酒多次涂在猪上，让它拥有好的颜色。颜色够深了就停止。

取极白极净的新鲜炼猪油不停地涂抹。如果没有新鲜猪油，用洁净的麻油也可以。

烤好的小猪颜色像琥珀，又像真金；入口即化，像冰冻过的白雪一样；浆汁多，油润，不同于平常的肉食。

棒（捧）炙

棒（或作捧）^①炙：大牛用膂^②，小犊用脚肉亦得。

逼火，偏炙一面。色白便割，割遍^③又炙一面，含浆滑美。

若四面俱熟然后割，则涩恶不中食也。

【译】做棒（或写作捧）炙的方法：选大牛用脊肉，小牛用脚腿肉也可以。

直接靠近火，只烤一边。颜色变白后立刻割下来，白的

① 棒（或作捧）：不详，疑为"棒"或"捧"字。

② 膂（lǚ）：脊梁骨，此处指脊肉。

③ 遍：作"尽"讲，不是周遍。

肉割完了了，再烤另一面。浆汁多，鲜嫩，味道好。

如果等各方面都熟透了再割，就粗老不好吃了。

脯炙

脯炙：羊、牛、獐、鹿肉皆得。

方寸脔。切葱白，斫令碎，和盐、豉汁。仅令相淹，少时便炙。——若汁多久渍，则肕。

拨火开；痛逼火，迥转急炙。色白热食，含浆滑美。

若举而复下，下而复上，膏尽肉干，不复中食。

【译】做脯炙的方法：选用羊、牛、獐、鹿肉都可以。

切成一寸见方的肉块。将葱白切开，切碎，放进盐和豆豉汁里面，把肉放在这汁里，只让汁淹没着肉，放一会儿便取出来烤。——如果用的汁太多，或者浸得太久，肉就秥了。

将火拨开，尽可能地靠近火，快速地转着烤。烤白了的肉，趁热吃，浆汁多，鲜嫩，味道好。

如果离开火再放下，放下去再拿起来烤，会导致油烤尽了、肉也干了，这样就不好吃了。

肝炙

肝炙：牛、羊、猪肝，皆得。脔长寸半、广五分。亦以葱、盐、豉汁脯之。以羊络肚䐈脂①裹，横穿，炙之。

【译】做肝炙的方法：牛肝、羊肝、猪肝都可以。切成

---

① 䐈（sǎn）脂：网油。

半寸长、五分宽的块儿。也用葱、盐、豉汁腌过。用羊络肚网油裹着，打横穿起来，烤制。

牛脍①炙

牛脍炙：老牛脍，厚而脃②。划③、穿，痛蹙④令聚⑤。逼火急炙，令上劈裂，然后割之，则脃而甚美。若挽令舒申，微火遥炙，则薄而且朋。

【译】做牛脍炙的方法：老牛的"百叶"，厚而脆。改刀用签子穿好，将百叶用力压紧挤紧到一起。靠近火快速烤熟，烤到面上有裂口，再割来吃，又脆又鲜美。如果拉直扯平，小火远烤，百叶又薄又硬粘，就不好吃了。

灌肠

灌肠法：取羊盘肠⑥，净洗治。

细锉羊肉，令如笼肉。细切葱白，盐、豉汁、姜、椒末调和，令咸淡适口。以灌肠。

两条夹而炙之。割食，甚香美。

【译】做灌肠的方法：选用羊的大肠，洗涤收拾干净。

将羊肉斫碎，碎到像做馅的肉一样。葱白切细，与盐、

---

① 脍：牛、羊百叶（重瓣胃）称为"脍"。

② 脃（cuì）：同"脆"。

③ 划（chǎn）：古同"铲"。这里作"签"字解释，是一种炙肉的签子。

④ 痛蹙（cù）：尽情地压迫使紧缩。

⑤ 聚：指堆聚集合。

⑥ 盘肠：即大肠。

豉汁、姜、花椒末一并调和，让咸淡适合口味。将肉馅灌进大肠里面。

将两条灌好了的肠并排夹着来烤；烤熟割着吃，味道很香很美。

跳丸炙

《食经》曰："作'跳丸'炙法：羊肉十斤、猪肉十斤，缕切之。生姜三升、桔皮五叶、藏瓜①二升、葱白五升，合捣，令如'弹丸'。别以五斤羊肉作臛；乃下丸炙煮之，作丸也。"

【译】《食经》记载："做'跳丸'炙的方法：取十斤羊肉、十斤猪肉，一并切成细丝。加入三升生姜、五片橘皮、两升酱瓜、五升葱白，混合起来捣烂，做成'弹丸'状。另外用五斤羊肉，煮成羊肉汤。将烤好的肉丸放入羊肉汤中煮，这就是做的'跳丸'的方法。"

䐑②炙独

䐑炙独法：小形独一头，䐑开，去骨。去厚处，安就薄处，令调。

取肥独肉三斤、肥鸭二斤，合细琢。鱼酱汁③三合、琢葱白二升、姜一合、桔皮半合，和二种肉，著独上，令调平。

---

① 藏瓜：用盐腌过保藏的瓜。

② 䐑（bó）：这里作剖开胸腹、掏去五脏解释。

③ 鱼酱汁：指鱼酱的酱汁。

以竹弗①弗之。相去二寸下弗，以斤箸著上，以板覆上，重物迮之。

得一宿。明旦，微火炙。以蜜一升合和②，时时刷之。黄赤色便熟。

先以鸡子黄涂之，今世不复用也。

【译】做膊炙豘的方法：用一只小型的小猪，整只破开，把骨头剔掉。将肉厚的部位割些下来，放置在肉薄些的地方，使肉要均匀。

取三斤肥的小猪肉、两斤肥鸭子肉，和起来切碎。用三合鱼酱汁、两升切碎的葱白、一合姜、半合橘皮，掺和进这两种肉里面，铺在破开了的猪肉上面，排得均匀平正。

用竹扦串好——每隔两寸，串一根竹扦——用箬叶盖在上面，再盖木板，木板上用重的东西压榨着。

过一夜后，明早，用小火烤。用一升蜜调和，不断地刷在上面。颜色发黄转红后，肉就熟了。

过去用鸡蛋黄涂，现在不再用了。

捣炙③

捣炙法：取肥子鹅肉二斤，剉之，不须细剉。

---

① 弗（chǎn）：烤肉用的竹（铁）扦。

② 合和：如果指蜜本身调和均匀，有些勉强；但此处为交代合和什么材料，疑有脱文。

③ 捣炙："捣炙""衔炙""饼炙"均为将肉类斫碎来炙，不同的是炙法。"捣炙"是裹在炙具上炙；"衔炙"是外加鱼肉或网油裹炙；"饼炙"是以"炸"为炙。

好醋三合，瓜菹一合，葱白一合，姜、桔皮各半合，椒二十枚作屑合和之。更刬令调。聚①著竹弗上。

破鸡子十枚；别取白，先摩之令调②。复以鸡子黄涂之。

唯急火急炙之，使焦。汁出便熟。

作一挺③，用物如上；若多作，倍之。

若无鹅，用肥独变得也。

【译】做捣炙的方法：取两斤肥的子鹅肉，切碎，但不须要切得很碎。

三合好醋、一合瓜菹、一合葱白、半合姜、半合橘皮、二十颗花椒。后三样都做成粉末混合起来。再切到均匀。裹敷鹅肉后，用竹签串好。

打破十个鸡蛋，将蛋黄与蛋清分开，将鸡蛋清先抹在碎肉上，涂抹均匀。再将鸡蛋黄涂在上面。

要用大火，快速地烤，烤至焦。有汁渗出来后，就熟了。

做一长条捣炙，需要用的材料，为以上介绍的那些；如果要多做些，依比例增加。

如果没有鹅，用肥小猪也可以。

---

① 聚：疑为"裹"之误。

② 摩之令调：将蛋白涂敷在肉上，使之均匀。摩，用手涂敷。

③ 挺：锭。"一挺"或"一锭"就是一长条、一长块。

衔炙①

衔炙法：取极肥子鹅一只，净治，煮令半熟。去骨，剉之。和大豆酢②五合，瓜菹三合，姜、桔皮各半合，切小蒜一合，鱼酱汁二合，椒数十粒作屑合和，更剉令调。取好白鱼肉，细琢，裹作弗，炙之。

【译】做衔炙的方法：取一只极肥的子鹅，收拾干净，煮到半熟。把骨头去掉，切碎。加入五合大豆醋、三合瓜菹、半合姜、半合橘皮、一合切碎了的小蒜、两合鱼酱汁、几十粒花椒一并做成粉末，混合后，再切到均匀。用好的白鱼的肉，切碎，裹在鹅肉上用竹签串好，烤制。

饼炙

作饼炙法：取好白鱼，净治，除骨取肉，琢得三升。熟猪肉肥者一升，细琢酢五合，葱、瓜菹各二合，姜、桔皮各半合，鱼酱汁三合。看咸淡、多少，盐之，适口取足③。

作饼如升盏大、厚五分，熟油微火煎之，色赤便熟，可食。

一本："用椒十枚，作屑，和之。"

【译】做饼炙的方法：用好的白鱼，收拾干净，除掉骨头，专取肉，切碎，共取三升碎鱼肉。加上一升肥猪肉，也

---

① 衔炙：将姜、椒等料调和而成的碎鹅肉，外面用细琢的白鱼肉包裹后炙之。含有馅中有馅的意思。

② 大豆酢：用大豆供给固体的表面，让醋酸细菌好生长将酒氧化成醋。

③ 取足：已经咸淡"适口"，再"取足"够的盐，既重复又牵强。疑为"取之""合取"之误，即指合成的鱼肉作料。

切得很碎，加入五合醋、两合葱、两合瓜菹、半合姜、半合橘皮、三合鱼酱汁。酌食材的数量加盐调好口味。

饼做到像升口或酒盏大小、五分厚，在熟油里用慢火煎制，颜色红了就熟了，即可食用。

还有一个抄本记载："要再加十粒花椒，研成粉末，掺和进去。"

酿^①炙白鱼

酿炙白鱼法：白鱼，长二尺，净治。勿破腹。洗之竟，破背，以盐之^②。

取肥子鸭一头，洗，治，去骨，细剉。酢一升，瓜菹五合，鱼酱汁三合，姜、桔各一合，葱二合，豉汁一合，和，炙之，令熟。

合取，从背，入著腹中，弗之。如常炙鱼法，微火炙半熟。复以少苦酒、杂鱼酱、豉汁，更刷鱼上，便成。

【译】做酿炙白鱼的方法：两尺长的白鱼，收拾干净。不要破开肚皮。洗完后，从背上破开，加些盐进去。

取一只肥的子鸭，宰好，收拾干净，去掉骨头，切碎。加一升醋、五合瓜菹、三合鱼酱汁、一合姜、一合橘皮、两合葱、一合豉汁，调和在一起，炒熟。

将熟了的鸭肉，从鱼背灌进鱼肚里，用竹签串起来。

---

① 酿：将研碎的生肉装进一个空壳中，一并蒸、煮、煎、炸的烹调法，称为"酿"。

② 盐之：加盐。

像平常炙鱼的方法，慢火烤到半熟。再用少量的醋，和上鱼酱、豉汁，刷在鱼上，就可以了。

腩炙

腩炙法：肥鸭，净治洗，去骨、作脔。酒五合，鱼酱汁五合，姜、葱、桔皮半合，豉汁五合，合和，渍一炊久，便中炙。子鹅作亦然。

【译】做腩炙的方法：选用肥鸭，洗涤收拾干净，去掉骨，切成块儿。将五合酒、五合鱼酱汁、半合姜、半合葱、半合橘皮、五合豉汁，混合调和，浸泡一顿饭的工夫，就可以去烤了。用子鹅做也是一样的。

猪肉酢

猪肉酢法：好肥猪肉作脔，盐令咸淡适口。以饭作糁，如作酢法。看有酸气，便可食。

【译】做猪肉酢的方法：选好的肥猪，切成块儿，加盐，让它口味咸淡适合。用熟饭做糁，像做鱼酢一样，封起来。等到有了酸味，就可以食用了。

啗①炙

《食次》曰："啗炙：用鹅、鸭、羊、犊、獐、鹿、猪肉肥者，赤白半。细斫熬②之。以酸瓜菹、笋菹、姜、椒、桔、葱、胡芹细切，盐、豉汁，合和肉，丸之。手搦为寸半

---

① 啗（dàn）：古同"啖"。

② 细斫熬：细琢成碎肉。

方。以羊、猪胳肚膜裹之。两歧簇①两条，簇炙之。一簇两脔令极熟，莫四脔。牛鸡肉不中用。"

【译】《食次》记载："做'啗炙'的方法：用鹅肉、鸭肉、羊肉、小牛肉、獐肉、鹿肉或猪肉，总之要用肥壮的，精肉、肥肉各一半。将肉切碎，炒熟。加上酸瓜菹、笋菹、姜、花椒、橘皮、葱、胡芹都切碎，盐、豉汁，混合在肉里面，团成丸子。用手捏成寸半见方。用羊或猪的网油裹起来。在一个叉的两歧的炙肉器具上，每歧簇上两条肉丸，整簇去烤制一簇是两串肉丸，烤到极熟，每份盛上四串肉丸上桌。牛肉、鸡肉不能用。"

捣炙

捣炙（一名筒炙②，一名黄炙③）：用鹅、鸭、獐、鹿、猪、羊肉。细斫，熬，和调如啗炙。若解离不成，与少面。

竹筒：六寸围，长三尺，削去青皮，节悉净去。以肉薄④之。空下头，令手捉。

炙之欲熟，小干不著手。

---

① 两歧簇：上端分成两歧的炙肉器具。从"弗"字形看，所谓两歧簇，应是弗的一种。

② 筒炙：贴在竹筒上炙。

③ 黄炙：用蛋黄涂黄再炙。

④ 薄：敷贴上去，即在竹筒外围贴裹上一层肉料。

竖堰①中，以鸡、鸭白手灌之②。若不均，可再上白；犹不平者，刀削之。

更炙，白燥，与鸭子黄；若无，用鸡子黄，加少朱助赤色。上黄：用鸡（鸭）翅毛刷之。

急手数转，缓则坏。

即熟，浑脱③去两头，六寸断之。促奠二④。

若不即用，以芦荻苞之，束两头，布芦间可五分⑤，可经三五日。不尔，则坏。

与面，则味少酢；多则难著矣。

【译】做捣炙（也又叫"筒炙"，又叫"黄炙"）的方法：用鹅肉、鸭肉、獐肉、鹿肉、猪肉或羊肉。切碎炒熟，调和方法如"啗炙"一样。如果肉稀散团聚不起来，可以适当加一些面粉。

取一个六寸围（周长）、三尺长的竹筒，把外面的青皮削掉，节上凸出的地方也都去净。将肉敷在筒上。下面要空一段，用作手握的地方。

在火上烤，要烤熟，让它稍微干些，不黏手。

竖在一个小盆里，用手将鸡、鸭蛋清涂在肉上面。如果

① 堰（ǒu）：瓯，小盆、小钵。

② 手灌之：将蛋白用手涂敷在肉上面。

③ 脱：脱出来。

④ 促奠二：紧挨着装上两份。

⑤ 可五分：不太好解释，疑为"份"之误。

不均匀，可以再加些蛋清；还不平整，就用刀削掉一些。

再烤；蛋清烤干了，再涂些鸭蛋黄；——没有鸭蛋黄，可以用鸡蛋黄，里面加一些银朱，增加红色。涂蛋黄：要用鸡（鸭）翅的羽毛来刷。

烤时，要手快，要经常转动，转慢了就会烤坏。

熟后，整筒地脱下来，切掉两头，再切成六寸长的段。挤紧，两段做一份，上桌即可。

如果不是立刻食用，可以用芦获包着，将两端扎好，铺在芦获中间——芦获上下铺到五分厚——可以放置三五天。不这样做，会变坏。

如果面多了，味道会酸；如果面少了，不够黏。

饼炙

饼炙：用生鱼[1]。白鱼最好，鲇、鳢不中用。

下鱼片离脊肋[2]：仰栅几[3]上，手按大头，以钝刀向尾割取肉，至皮即止。

净洗。臼中熟舂之。——勿令蒜气！——与姜、椒、桔皮、盐、豉，和。

以竹木作圆范，格四寸，面油涂[4]。绢藉之，绢从格上下以装之，按令均平。手捉绢，倒饼膏油中煎之。

---

[1] 生鱼：这里为新鲜鱼，并不一定是活鱼。

[2] 离脊肋：指从中脊对半劈开，并去其脊骨。

[3] 栅（xīn）几：即砧（zhēn）案、砧板。

[4] 格四寸，面油涂：直径四寸的圆面，用油将圆面涂抹过。格，界限。

出锅，及热置柈①上；盌②子底按之令拗。

将奠，翻仰之③。若子奠，仰与盌子相应。

又云：用白肉生鱼，等分，细斫，熬④，和⑤如上，手团作饼，膏油煎如作鸡子饼。十字解，奠之；还令相就如全奠。小者二寸半，奠二。葱、胡芹，生物不得用！用则班；可增。

众物若是⑥先停此。若无，亦可用此物助诸物。

【译】做饼炙的方法：用新鲜的鱼。白鱼最好，鲇鱼、鳢鱼不适合用。

将鱼片从脊肋上取下的方法：把鱼仰放在案板上，手按住鱼头，用不很快的刀，由头向尾割肉，贴到皮为止。

洗净所割得的鱼片。放在臼里舂碎、舂匀。不要让臼和鱼沾上蒜气！加入适量的姜、花椒、橘皮、盐、豆豉并调和匀。

用竹筒或木做成的圆范，每格直径四寸，圆面用油涂过。把绢垫在里面，绢要和格子上下贴着，成为一个小袋的形状，把肉装在小袋里面，按平。然后把绢从格子里提取出

① 柈（pán）：同"盘"。

② 盌（wǎn）：同"碗"。

③ 翻仰之：翻一个转身，免得碗底印痕露在外面。

④ 细斫，熬：弄烂鱼肉的过程，制成馅料。熬，这里不是炒。

⑤ 和：这里指鱼肉与姜、椒等料调和。

⑥ 是：疑为"足"之误。

来，肉在绢里包着，按成了饼的鱼肉，倒在油里去炸熟。

出锅后，趁热放在盘子上，用一个小碗的碗底按着，使它凹下去。

临上菜时，翻转身仰过来。如果放在小碗里上桌时，要把饼仰过来的一面贴在碗底上。

另一说：用白肉和新鲜鱼肉，同等分量，切碎，像上面所说的将食材和调料和匀，手团成饼子，在油里煎成像"荷包蛋"一样的饼。十字切开，盛在碗里；依然凑成一整个来上桌。小的两寸半大小，要盛两个。葱、胡芹等，不能用生的！

如果其他菜肴很充足，此菜肴可停止不用；如果其他菜肴不充足时，就用这个煎饼，来弥补其他菜肴的不足。

范炙

范炙：用鹅（鸭）臆肉[1]。如浑，椎令骨碎。与姜、椒、桔皮、葱、胡芹、小蒜、盐、豉，切和，涂肉。浑炙之。

斫取臆肉去骨，奠如白煮之者。

【译】做范炙的方法：用鹅（鸭）的胸前肉。如果是整个的，将骨头敲碎。加入姜、花椒、橘皮、葱、胡芹、小蒜、盐、豆豉，一并切细，调和后涂在肉上，整只地烤。

把胸前肉切出来，骨头去掉，像白煮的一样，装盘上桌。

---

[1] 臆（yì）肉：胸前的肉，色白肌厚。

炙蚶

炙蚶：铁镢①上炙之。汁出，去半壳，以小铜枰奠之。大奠六，小奠八；仰奠。别奠酢随之。

【译】做炙蚶的方法：在铁锅上烤。汁出来之后，去掉半边壳，用小铜盘装盘。个儿大些的一般装六个，小些的装八个。壳在下，肉朝上。另外配些醋一并上桌。

炙蛎

炙蛎：似炙蚶。汁出，去半壳，三肉共奠。如蚶，别奠酢随之。

【译】做炙蛎的方法：与"炙蚶"相似。汁出来之后，去掉半边壳，将三个牡蛎肉放在一个壳里装盘。像蚶一样，另外配些醋一并上桌。

炙车螯

炙车螯：炙如蛎。汁出，去半壳，去屎，三肉一壳。与姜、桔、屑，重炙令暖。仰奠四，酢随之。

勿太熟，则肕。

【译】做炙车螯的方法：像"炙牡蛎"一样。汁出之后，去掉半边壳，把屎掐掉，三个肉搁在一个壳里面。加些姜、橘皮粉末，再烤熟。壳在下，肉朝上。一份盛四个，另外配些醋一并上桌。

不要烤得太熟，太熟了咬不动。

---

① 镢（yè）：此为用于炙物的铁火铲一类的工具。

炙鱼

炙鱼：用小鳞、白鱼最胜。浑用。鳞、治，刀细谨^①。无小，用大为方寸准，不谨。

姜、桔、椒、葱、胡芹、小蒜、苏、欓^②，细切锻。盐、豉、酢，和以渍鱼。可经宿。

炙时，以杂香菜汁灌之；燥，复与之。熟而止。色赤则好。

双奠，不惟用一。

【译】做炙鱼的方法：用小型的鳞鱼或白鱼最好。整条地用。将鱼去鳞，收拾干净，用刀细细地修饰妥当。没有小鱼，就用大鱼，切成一寸见方的薄片，不要修饰。

将姜、橘皮、花椒、葱、胡芹、小蒜、紫苏、食茱萸，都切细切碎。加入盐、豆豉、醋，调和后腌制鱼肉。可以过一夜。

烤的时候，用各种香菜汁浇在鱼肉上；汁干了，再浇些。直到熟了为止。颜色发红最好。

两只作为一份装盘；如果鱼片大些，就用一片。

---

① 谨：此处疑作"划"解释。即割划。

② 欓（dǎng）：食茱萸，落叶乔木，枝上多有刺，羽状复叶，果实球形，成熟时红色，可以入药。

作脺、奥、糟、苞①

脺肉

作脺肉法：驴、马、猪肉皆得。腊月中作者良，经夏无虫。余月作者，必须覆护；不密②，则虫生。

粗脔肉：有骨者，合骨粗剉。

盐、曲、麦䴗合和，多少量意斟裁。然后③盐、曲二物等分，麦䴗倍少于曲。

和讫，内瓮中，密泥封头，日曝之。二七日便熟。

煮供朝夕食④，可以当酱。

【译】做脺肉的方法：驴肉、马肉、猪肉都可以做。腊月里做的好，可以过一个夏天也不生虫。其余月份做的，必定要盖上，注意保护；如果保护不密就会生虫。

把肉切成粗大的块；有骨头的，连骨头一起粗粗地切碎。

将盐、曲、麦䴗混合，量多少根据情况加减。但须用等量的盐和曲，麦䴗只要曲的一半。

---

① 脺（zì）、奥、糟、苞：脺，同"胏"，即带骨头的肉酱；奥，同"燠"，指肉藏于瓮中，随时取食；糟，即糟肉；苞，即"包"，用茅草之类裹着风藏或冷藏的肉。

② 不密：如果解释为覆护不周密，那么前文就应该是"必须覆护周密"。故疑为"不尔"之误。

③ 然后：解释不通，"然后"为"然须"之误。

④ 煮供朝夕食：煮熟后，供短时期食用；朝夕不专指早上与晚上。

和匀到肉里面以后，用泥密密地封着坛口，在阳光下晒着。十四天就熟了。

煮熟后，供短时期食用，可以代替肉酱用。

奥肉

作奥肉法：先养宿猪^①令肥。腊月中杀之。

攀讫，以火烧之令黄，用暖水梳洗之，削、刮令净。刳去五藏。猪肪燺^②取脂^③。

肉脔，方五六寸作、令皮肉相兼。著水令相淹渍，于釜中燺之。

肉熟水气尽，更以向所火燺肪膏煮肉。大率：脂一升、酒二升、盐三升^④，令脂没肉。缓水^⑤煮半日许，乃佳。

漉出瓮中^⑥。余膏仍写^⑦肉瓮中，令相淹渍。

食时，水煮令熟，而调和之，如常肉法。尤宜新韭。新韭烂拌。亦中炙噉。

其二岁猪，肉未坚，烂坏，不任作也。

【译】做奥肉的方法：先把隔年猪养肥。腊月里杀。

---

① 宿猪：隔年猪。根据下文"二岁猪"不任作，应为两岁以上的猪。

② 燺（chǎo）：同"炒"，这里作煎熬讲。

③ 脂：这里的"脂"与下文的"燺肪膏"均指熬成的油。

④ 酒二升、盐三升：两升酒疑量有点少，三升盐疑量有点多。

⑤ 水：应是"火"之误。

⑥ 漉出瓮中：滤出肉块，倾入坛子里。

⑦ 写：倾注。

煺掉毛之后，用火烧到皮发黄；用暖水洗涤过，刮、削干净。掏去五脏。把猪板油炒成炼猪油。

将肉切成五六寸见方的肉块；每块肉都要带皮，加水，浸没肉后，再在锅里炒制。

肉熟了，水汽尽了，再将先炼得的猪油用来煮肉。以油一升、酒两升、盐半升的比例，油要浸没着肉。慢火煮上半天，才好。

滤出来，放在坛子里，剩下的炼猪油，也倒下肉坛里去，浸没着熟肉。

食用的时候，再用水煮至软烂，加入作料调和，像平常的新鲜肉一样。配新鲜的韭菜特别合适。可以做成"新韭烂拌"，也可以烤着吃。

两岁的猪，肉没有硬，做了会烂、会坏，不能做奥肉。

糟肉

作糟肉法：春、夏、秋、冬皆得作。以水和酒糟，搦①之如粥，著盐令咸。内棒炙肉于糟中，著屋下阴地。

饮酒食饭，皆炙噉之。暑月，得十日不臭。

【译】做糟肉的方法：春、夏、秋、冬四季都可以做。用水和上酒糟，搅拌成粥样，加盐下去，让它很咸。将棒炙形的肉放入糟中，放在房间内背阴的地方。

饮酒或吃饭，都可以将糟肉拿来烤着吃。夏天，也可以

---

① 搦：磨，摩。

放置十天，不会臭。

苞肉

苞肉法：十二月中杀猪。经宿，汁尽渑渑时，割作棒炙形，茅、菅①中苞之。无菅、茅，稻秆亦得。用厚泥封，勿令裂。裂，复上泥。悬著屋外北阴中，得至七八月，如新杀肉。

【译】做苞肉的方法：十二月的时候把猪杀了。过一夜，水汁半干半湿时，割成棒炙的形状，用茅草包裹起来。如果没有茅草，用稻草也可以。外面，用厚厚的泥封起来，不要让它开裂；裂了，就再补些泥。挂在房子外面向北的阴处，可以保存到七八月间，就像新杀猪的肉。

犬䐑

《食经》曰："作犬䐑法②：犬肉三十斤、小麦六升、白酒六升，煮之。令三沸。易汤，更以小麦、白酒各三升，煮令肉离骨。

"刀擘鸡子三十枚，著肉中。便裹肉，甑中蒸令鸡子得干③，以石迮之。一宿出，可食。名曰'犬䐑'。"

【译】《食经》中记载："做犬䐑的方法：三十斤狗肉、六升小麦、六升白酒，合在一起煮三沸。换过汤，再用

---

① 菅（jiān）：多年生草本植物，多生于山坡草地。很坚韧，可做炊帚、刷子等。秆、叶可做造纸原料。

② 䐑（zhé）：切肉成薄片。

③ 干：指鸡蛋凝固老熟。

三升小麦、三升白酒，将肉煮烂，使骨、肉分离。

"打破三十个鸡蛋，放进肉里面。把肉裹起来，放在甑里，蒸到鸡蛋凝固老熟，用石头压起来。过一夜后，取出来，就可以食用了，名叫'犬朡'。"

苞朡

《食次》曰："苞朡法：用牛、鹿头，㹠蹄。白煮。柳叶细切，择去耳、口鼻、舌，又去恶者。蒸之。别切猪蹄，蒸熟，方寸切。熟鸡（鸭）卵、姜、椒、桔皮、盐，就甑中和之。仍复蒸之，令极烂熟。"

"一升肉，可与三鸭子，别复蒸令软[①]，以苞之。"

"用散茅为束附之相连必致。令裹大如鞾雍[②]，小如人脚蹲[③]肠。大长二尺，小长尺半。大木迮之令平正，唯重为佳。"

"冬则不入水。夏作小者，不迮，用小板挟之。一处与板两重；都有四板。以绳通体缠之，两头与楔[④]楔之：二板之间，楔宜长薄，令中交度[⑤]，如楔车轴法。强打，不容则止。"

---

① 一升肉，可与三鸭子，别复蒸令软：是与前文的熟鸡（鸭）蛋外，每一升肉再和上三个生鸭蛋，再蒸，使软熟。

② 鞾（xuē）雍：长筒靴子，这里形容包好的朡肉大的像靴筒那样粗细。鞾，同"靴"。

③ 蹲（shuàn）：古同"腨"，指小腿肚子。

④ 楔（xiē）：填充器物的空隙使其牢固的木橛、木片等。

⑤ 令中交度：让两边打进去的楔，在中间相遇后，彼此重复度过去。

"悬井中，去水一尺许。若急待，内水中，时用去上白皮；名曰'水朕'。"

又云："用牛（猪）肉，煮切之，如上。蒸熟。出置白茅上，以熟煮鸡子白，三重间之，即以茅苞，细绳概①束。以两小板挟之，急束两头，悬井水中。经一日许，方得。"

又云："藿叶②薄切，蒸。将熟，破生鸡生，并细切姜、桔，就甑中和之。蒸苞如初。奠如'白朕'一名'迮朕'是也。"

【译】《食次》中记载："做苞朕的方法：用牛头、鹿头、小猪蹄。先用白水煮熟，切成柳叶宽的细条；将耳缘、口缘、鼻缘和舌头拣出去，再把不好的拣掉。和起来在甑里蒸。将切好的猪蹄先蒸熟，切成一寸见方的块，熟鸡（鸭）蛋以及姜、花椒、橘皮、盐，都调和在甑里所蒸的材料里面。和好继续蒸，让肉烂熟。"

"每一升肉，再和上三个生鸭蛋，再蒸，使软熟。用东西包裹起来。"

"用散开的茅，绑成束；彼此分开，再绑成一捆。每束，大的像靴筒，小的像小腿肚子。大的两尺长，小的一尺半长。用大木头压平正，木头越重越好。"

"冬天不要下水。夏天做的小束，不要压，只用小板子

---

① 概（jì）：稠密的意思。

② 藿叶：薄片。

夹起来。一面用两层板，两面共用四层板。整个用绳缠紧，每面两头，都用楔子楔上：楔子要长而薄，楔在两重板的板缝里，让楔字头部尖薄的地方，在板中央相遇交错过度，像楔车轴一样。用力打，打到不能再进去了为止。"

"将肉吊在井里，距离水面一尺左右。如果要急用，就直接浸入水里。用时，把外面的白皮去掉。这样做的，称为'水膎'。"

又说："将牛（猪）肉煮过，切成条，如前面所说的方法。蒸熟。倒出来，摊在白茅上做成层，用煮熟的鸡蛋清盖上。一层肉，一层鸡蛋清，一共盖三层蛋清。就用茅卷起来包裹上，用细绳子密密扎紧。用两块小板夹着，把两头捆紧，吊在水井里。过一天左右才算好了。"

又说："将肉切成薄片，蒸制。快熟时，打破新鲜鸡蛋，和上切细了的姜和橘皮，在甀里拌和。再蒸熟后，包裹，压榨，冷却，都与前面所说的一样。像'白膎'，就是所谓'迮膎'的。一样装盘上桌。"

饼法

饼酵^①

《食经》曰："作饼酵法：酸浆一斗，煎取七升。用粳米一升，著浆，迟下火^②，如作粥。六月时，溲一石面，著二升；冬时，著四升作。"

【译】《食经》中记载："做饼酵的方法：一斗酸浆，煎干到剩七升。用一升粳米，放进浆里。先浸一些时，然后慢火煮，像熬稀饭一样。六月里，和一石面粉，要用两升这样的酵；冬天，用四升酵。"

白饼^③

作白饼法：面一石。白米七八升，作粥；以白酒六七升酵中。著火上。酒鱼眼沸，绞去滓，以和面。面起可作。

【译】做白饼的方法：取一石面。先将七八升白米，煮成粥；加六七升白酒下去做酵。放在火边上，看着酒起鱼眼一样大的气泡时，把粥渣绞掉，用所得的清液来和面。面发了，就可以做饼。

---

① 饼酵：发面的"老酵"。

② 迟下火：迟即"缓"意。指慢火煮。

③ 白饼：不加作料的白面饼。

烧饼①

作烧饼法：面一斗、羊肉二斤、葱白一合，豉汁及盐，熬令熟。炙之。面当令起。

【译】做烧饼的方法：取一斗面、两斤羊肉、一合葱白，加上适量的豉汁和盐，炒熟，包在面里面烤制。面要先发过。

髓饼

髓饼法：以髓脂、蜜，合和面。厚四五分、广六七寸。便著胡饼炉中，令熟。勿令反覆。饼肥美，可经久。

【译】做髓饼的方法：用骨髓油、蜜，合起来和面。做成四五分厚、六七寸大的饼。放进做烧饼的炉里将它烤熟。不要翻面！饼很肥美，又可以长久保存。

粲②

《食次》曰："粲：一名乱积。用秫稻米，绢罗之。蜜和水水蜜中半，以和米屑；厚薄，令竹杓中下。先试，不下，更与水蜜。作竹杓，容一升许；其下节，概作孔。竹杓中下沥五升铛里，膏脂煮之熟。三分之一铛，中也。"

【译】《食次》中记载："做粲（又叫乱积）的方法：秫米粉先用绢筛筛过。再用蜜与水调和。水和蜜各一半来和

① 烧饼：不是今天的"烧饼"，而是烤熟的"羊肉大葱馅饼"。

② 粲：指精舂的米。

米粉；稀稠的程度要达到米粉能从竹勺孔里流出来。先试一试，如果不能流出来，再加些水和蜜。做一个竹勺，容量一升左右；在下面节上，密密地钻些小孔。由竹杓里沥下到一个容量为五升的锅里，让锅里的油把粉烫熟。每次大约煎三分之一锅，刚好合适。

膏环

膏环：一名"粔籹^①"。用秫稻米屑，水蜜溲之，强泽如汤饼面。手搦团，可长八寸许，屈令两头相就，膏油煮之。

【译】做膏环的方法：也叫"粔籹"。选用秫米粉，用水和蜜来调和，干湿程度像做面条的面一样。用手将粉团捻长，到八寸左右，弯曲起来将两头连在一处，在油里炸熟。

鸡（鸭）子饼

鸡（鸭）子饼：破，写瓯中；少与盐。锅铛中，膏油煎之，令成团饼。厚二分。全奠一。

【译】做鸡（鸭）子饼的方法：将鸡（鸭）蛋打破在小碗里，加少许盐。在锅中，用油煎成圆形的饼。两分厚。一份只盛一个饼上桌。

细环饼、截饼

细环饼、截饼：环饼一名"寒具"，截饼一名"蝎子"。皆须以蜜调水溲面。若无蜜，煮枣取汁。牛（羊）脂膏亦得；用牛（羊）乳亦好，——令饼美脆。

---

① 粔（jù）籹（nǚ）：古代一种油炸的食品，类似今天的麻花。

截饼纯用乳溲者，入口即碎，脆如凌雪。

【译】做细环饼、截饼的方法：环饼也叫"寒具"；截饼也叫"蝎子"。都要用蜜调水来和面。如果没有蜜，煮些红枣取汁来代替。牛（羊）的油脂也可以；用牛（羊）奶和面也好。这样，饼味道好而脆。

完全用奶和面做的截饼，入口就碎了，像冰冻的雪一样地脆。

餢䭔^①

餢䭔：起面如上法。盘水中浸剂^②，于漆盘上水作者，省脂。亦得十日软；然久停则坚。

干剂于腕上手挽作，勿著勃^③！入脂浮出，即急翻，以杖周正之。

但任其起，勿刺令穿；熟，乃出之。一面白，一面赤，轮缘亦赤，软而可爱。久停亦不坚。

若待熟始翻，杖刺作孔者，洩^④其润气，坚硬不好。

法：须瓮盛，湿布盖口。则常有润泽，甚佳。任意所便，滑而且美。

【译】做餢䭔的方法：发面要像前面所说的方法。用一盆水，浸着发面团，在漆盘底上，用水搓出的，做起来省些

① 餢（bù）䭔（tóu）：一种经过发酵后做的面饼。

② 剂：切成了件的面团，作为制饼的材料。

③ 勃：干粉末。

④ 洩（xiè）：同"泄"。

油。做好后，可以保持柔软十天；但是面放久就发会硬。

用干些的发面团，在手腕上绾出来，不要蘸干粉！下了油锅，浮起后，快速翻面，用小棍拨周正。

只让面团自己浮起来，不要刺穿；熟后，自然就出来了。这样一面白色，一面红色，周围边上也是红的，软而可爱。放久也不会变硬。

如果等熟了再翻，用小棍刺穿成孔，把里面的潮气泄漏出来，便会坚硬反而不好了。

最好的办法：必须要用坛子盛着，用湿布盖在口上。这样，就会常常保持潮润，非常好。随时取来食用都方便，嫩滑而且美。

水引[①]、馎饦[②]

水引、馎饦法：细绢筛面。以成调肉臛汁，待冷溲之。

水引，按如箸大，一尺一断，盘中盛水浸。宜以手临铛上，按令薄如韭叶，逐沸煮[③]。

馎饦，如大指许，二寸一断，著水盆中浸。宜以手向盆旁，按使极薄。皆急火逐沸熟煮。非直光白可爱，亦自滑美殊常。

---

① 水引：古代的水煮面食，今天的面条。

② 馎（bó）饦（tuō）：古代一种水煮的面食，好似今天的"面皮"。与"水引"同类。古代的面食名称分类：水煮的实心面食类，如"水引""馎饦""汤饼"；水煮有馅的饺子类，如"馄饨"；火烤熟的有馅、实心面食类，如"烧饼""胡饼"；蒸制的馒头类，如"蒸饼""笼饼"。

③ 逐沸煮：随着水开后下锅煮。

【译】做水引、馎饦的方法：选用细绢筛过的面，用煮好的肉汤，冷却后和面。

水引，要揉搓到像筷子粗细的条，切成一尺长的段，在盘里盛水浸泡着。应当在锅边上用手按得像韭菜叶那样厚薄，待水开后再煮。

馎饦，做到像大拇指粗，切成两寸长的段，放在水里浸着。应当用手在盆旁边，把面按到极薄。水烧开后，大火将面皮煮熟。面片洁白、明亮、好看，入口后也异常滑嫩美好。

切面粥、𥻨𥻦^①粥

切面粥（一名碁^②子面）、𥻨𥻦粥法：刚溲面，揉令熟。大作剂，按饼，粗细如小指大。重索于干面中。更按，如粗箸大。截断，切作方碁。簁去勃，甑里蒸之。气馏，勃尽，下，著阴地净席上，薄摊令冷。按散，勿令相黏。袋盛举置。须即汤煮，别作腥浇，坚而不泥。冬天一作，得十日。

𥻨𥻦：以粟饭馈，水浸，即漉著面中。以手向簸箕痛按，令均如胡豆。拣取均者，熟蒸，曝干。须即汤煮，笊篱漉出，别作腥浇。甚滑美，得一月日停。

【译】做切面粥（也叫棋子面）、粟粥的方法：

---

① 𥻨（luǒ）𥻦（suǒ）：粟粥。

② 碁（qí）：同"棋"。

棋子面：把面和得干、硬些，揉到很"熟"。做成大的面剂，把这些剂按成条状，像小指一般粗细，盘在干面里。再按成粗筷子一样的大小。用刀切断，切成棋子大小的面块。把面块外面沾的干粉簸掉，在甑里蒸。让水汽馏上去，把干粉都蒸透，从甑里取出来；在阴凉的地方，取洁净的席子，在席子上摊成薄层，让面块晾凉。将面块接散，不要让它们相互粘连。用袋装好，挂起来贮存。食用时，在开水里煮熟，用肉汤做浇头，清爽不黏软。冬天的时候，做一次可以保存十天。

粟粥：用粟米饭，在水里浸过，放到干面粉里。放在簸箕里，手用力搓揉，让颗颗均匀，都像胡豆一样。把其中均匀的拣出来，蒸熟，晒干。食用时，在开水里煮熟，用笊篱漉出来，用肉汤做浇头。口感嫩滑、味道甜美。可以保存一个月。

粉饼

粉饼法：以成调肉臛汁，接沸溲英粉，若用粗粉，肥而不美；不以汤溲，则生[1]不中食。如环饼面。先刚溲；以手痛揉，令极软熟。更以臛汁，溲令极泽，铄铄然[2]。

割取牛角，似匙面大。钻作六七小孔，仅容粗麻线。若作水引形者，更割牛角，开四五孔，仅容韭叶。

---

[1] 生：粗粝，不细腻。

[2] 铄铄然：形容由硬面再溲成稀的面稀直到可以搋出的状态。

取新帛细䌷①两段②，各方尺半。依角大小，凿去中央，缀③角著䌷。以钻钻之，密缀，勿令漏粉。用讫，洗，举④。得二十年用。裹成溲粉，敛四角，临沸汤上搦出，熟煮，臛浇。

若著酪中及胡麻饮⑤中者，真类玉色：積積著牙，与好面不殊。

一名"搦饼"。著酪中者，直用白汤溲之，不须肉汁。

【译】做粉饼的方法：用煮好了的肉汤汤汁，趁开锅时调和粉英，如果用粗粉，饼粗涩不好；如果不用滚开的汤调和，就会是生的，不能吃。就像做环饼的面一样。先和得干些硬些，手用力揉，揉到极软极熟。再加些汤汁，调和到极稀，可以流动即可。

割一片牛角，像汤匙面大小。钻六七个小孔，孔的大小，可以容粗麻线通过。如果想做成"水引饼"的形状，则另用一片牛角，开四五个刚好能容韭菜叶通过的孔。

取两段新织的白色细绢绸，每段一尺半见方。按牛角片的大小，把绸中心剪去一些，将牛角片缝在绸上。用钻在牛角片上钻孔，将绸子密密缝牢，不要让湿粉从钻孔中漏出去。用过，洗净，挂起来，可以用二十年。将调好了的粉，

---

① 䌷（chóu）：同"绸"。

② 两段：两种不同孔形的牛角，均用一段细绸缝好。

③ 缀：缝。指绸的中央开一个孔，与牛角的大小相对应，然后缝在一起。

④ 举：挂起来。

⑤ 胡麻饮：芝麻糊。将芝麻捣融和，加蜜或麦芽糖煮成的糊。

裹在绸袋里，收敛起四个角儿，就在一锅滚开的水上面，捏挤出粉，让粉浆从牛角片的孔或缝中漏出来，落到水里，煮熟，用肉汤当浇头。

如果加到酪或芝麻糊里面，就像白玉一样白；而且口感软脆细密，与很好的麦面是一样的。

粉饼又称为"搦饼"。如果想放在酪里吃，直接用白开水烫粉，无须用肉汤汁。

豚皮饼

豚皮饼法：一名"拨饼"。汤溲粉①，令如薄粥。大铛中煮汤；以小杓子抎粉，著铜钵内；顿②钵著沸汤中，以指急旋钵，令粉悉著钵中四畔。

饼既成，仍抎钵③倾饼著汤中，煮熟。令漉出，著冷水中。

酷似豚皮。膱浇麻、酪，任意；滑而且美。

【译】做豚皮饼的方法：也叫"拨饼"。用开水和米粉，和成像稀粥一样的粉浆。在大锅里烧一锅开水，用小勺子将粉浆舀到铜盘里，将铜盘漂在大锅里的开水上，用手指将铜盘很快地旋转，让粉浆贴满在铜盘的面上。

饼做满了，就将铜盘舀出，把盘中的饼倒在开水里，煮

---

① 粉：应指粉英。

② 顿：停放的意思。

③ 抎钵：这时铜钵已经很烫，不能用手直接取，只能用另外的器具去"舀"，所以说"抎"。

到熟。漉出来，放进冷水里。

此饼的形状和味道，极像小猪的皮。无论肉汤浇，还是用酪或芝麻糊调和，随意都可用，嫩滑而且味道好。

治面砂墋^①法

治面砂墋法：簸小麦，使无头角。水浸令液。漉出，去水，写著面中，拌使均调。

于布巾中，良久旋动之。土末悉著麦，于面无损。

一石面，用麦三升。

《杂五行书》曰："十月亥日，食饼，令人无病。"

【译】面里有砂墋的补救方法：将小麦簸一道，把半颗和碎粒的麦粒都簸出去。在水里浸到发涨柔软。滤出来，把多余的水沥干，倒进面里去，拌均匀。

在布包里，不断地旋转。泥土碎末就会粘到麦粒上，而面却不会受损。

一石面，用三升麦。

……

---

① 墋（chěn）：食物中混入沙土。

粽䉽①

《风土记》注云："俗，先以二节日，用菰叶裹黍米，以淳浓灰汁煮之，令烂熟。于五月五日、夏至啖之。黏黍一名'粽'，一曰'角黍'。盖取阴阳尚相裹，未分散之时象也。"

【译】《风土记》注说："习俗，先在两个节日，用菰的叶子包裹黍米，用很浓的草木灰汁煮制，煮到烂熟。在五月初五和夏至日时吃。'黏黍'也叫'粽'，又叫'角黍'。这个做法，是应当时的时令及阴阳二气还相互包裹，没有分散的情形的一个象征。"

粟黍

《食经》云："粟黍法：先取稻，渍之使释。计二升米，以成粟一斗。著竹箅②一内，米一行、粟一行；裹，以绳缚。其绳，相去寸所一行。须釜中煮，可炊十石米间，黍熟。"

【译】《食经》上说："做粟黍的方法：先取些稻米，用水浸软。每用二升稻米，就加上一斗粟米。放在大竹筒里，一层米，一层粟；包裹起来。用绳子绑紧，每一寸左右，就绑一行绳。要放在锅里煮制，用炊熟十石米的时间，粟黍就煮熟了。"

---

① 䉽（yè）：一种用竹箬包裹蒸熟的果肉糯米粉糕，如粽子一类的食物。

② 箅（xì）：大竹筒。

粰

《食次》曰："粰：用秫稻米末，绢罗，水蜜溲之，如强汤饼面。手搦之，令长尺余、广二寸余。四破，以枣栗肉上下著之偏，与油涂竹箬裹之，烂蒸。奠二，箬不开破，去两头，解去束附。"

【译】《食次》上说："做粰的方法：取秫米粉，用绢筛筛过，加水和蜜调和，和到像硬面条的面一样。再捏成一尺多长、两寸多粗的条状。破成四条，将红枣肉和果子肉贴在面上，上下贴满，用涂过油的箬叶包裹起来，蒸到烂熟。每份装两个，不要打开箬叶，要去掉两头，解掉绳子。"

煮糗①

《食次》曰："宿客足②，作糗粎。糗末一斗，以沸汤一升沃之；不用腻器。淅箕③漉出滓，以糗帚舂取勃④，勃别出一器中。折米⑤白煮⑥，取汁为白饮⑦；以饮二升投糗汁中。"

又云："合勃下饮讫，出勃；糗汁复悉写釜中，与白饮合煮，令一沸，与盐。白饮不可过一□⑧。折米弱炊，令相著；盛饮瓯中，半奠。枸抑令偏著一边，以糗汁沃之，与勃。"

又云："糗末，以二升；小器中沸汤渍之。折米煮为饭；沸，取饭中汁升半。折箕漉糗出，以饮汁——当向糗汁上淋之。以糗帚舂取勃，出别勃置。复著折米沈汁为白饮，以糗汁投中，鲑奠如常，食之。"

又云："若作仓卒难造者，得停西□⑨糗最胜。"

---

① 糗（míng）：米屑。

② 宿客足：疑是谚语，指作一种"宵夜"点心。

③ 淅箕：一个过滤用的竹器。

④ 勃：这里指泡沫，而不是粉末。

⑤ 折米：一种特别精制的米。

⑥ 白煮：仅用水煮，即清煮。

⑦ 白饮：清米汤，白煮出来的米汤。

⑧ 一□："□"为空格，疑为"升"字，即一升，"白饮"的容量。

⑨ 西□：此处有一空格，意义不详。

又云："以勃少许，投白饮中；勃若散坏，不得和白饮，但单用糗汁焉。"

【译】《食次》中记载："夜晚吃的一种食物，叫'糗粔'。取一斗糗末，用一升开水浇下去；不要用有油的容器。用渐箅把渣滓滤掉，用糗帚春打，取得泡沫团，把泡沫盛在另外的一个容器里。取折米，用白水煮，取得米汁，作为'白饮'，将两升'白饮'，加到糗汁里。"

又说："向糗汁春得的泡沫里，浇下白饮，再搅出泡沫；糗汁再倒进锅里，和白饮一并煮制，让锅开一次，加盐。白饮不可过一升。折米，蒸得很软，让它成为较黏的饭；把这饭盛在小碗里，半满。用杓子把饭压着，偏在碗的一边，用糗汁浇上，再加些泡沫。"

又说："糗末，取两升；在小容器里用开水浸泡着。将折米煮作饭；开了之后，从饭里取出半升饭汁来。用渐箅出糗，用饭中的汁——即向糗汁上淋。用糗帚搅打，生成泡沫堆；将泡沫另外盛着。再加些折米饭汁，作为白饮。将糗汁加下去，依常规偏着装碗上桌，食用。"

又说："如果匆忙中做不好，可以……"

又说："将少量泡沫堆，加到'白饮'里面；如果泡沫堆散了、坏了，不能和成'白饮'，可以单独用糗汁。"

醴① 酪②

煮醴酪：昔介子推③，怨晋文公④：赏从亡之劳不及已，乃隐于介休县绵上山中。

其门人怜之，悬书于公门。文公寤⑤而求之，不获；乃以火焚山，推逐抱树而死。

文公以县上之地封之，以旌善人。

于今介山林木，遥望尽黑，如火烧状；又有抱树之形。世世祠祀⑥，颇有神验。

百姓哀之，忌日为之断火。煮醴而食之，名曰"寒食"，盖清明节前一日是也。

中国流行，遂为常俗。

---

① 醴：指一种液态的麦芽糖。

② 酪：指像乳酪一样的杏仁麦粥。

③ 介子推：又名介之推（？—公元前636年）、介推，后人尊为介子，春秋时期晋国（今山西）人，生于闻喜户头村，长在夏县裴介村，因"割股奉君"，隐居"不言禄"之壮举，深得世人怀念。死后葬于介休绵山。晋文公重耳深为愧疚，遂改绵山为介山，并立庙祭祀，由此产生"寒食节"，历代诗家文人留有大量吟咏缅怀诗篇。

④ 晋文公：姬姓晋氏，名重耳（约公元前697—前628年），是中国春秋时期晋国的第二十二任君主。曾因"骊姬之乱"，被迫流亡在外十九年。晋文公文治武功卓著，是春秋五霸中第二位霸主，也是上古五霸之一，与齐桓公并称"齐桓晋文"。

⑤ 寤（wù）：借作"悟"，即醒觉，醒悟。

⑥ 祠祀："祠"与"祀"都是祭；祠是小规模的，祀的规模可以很大。

然麦粥自可御暑，不必要在寒食。世有能此粥者，聊复录耳。

【译】做煮醴酪的方法：古时候，介子推对晋文公不满：因为晋文公在赏赐与他同在外国流亡的人的功劳时候，没有顾及介子推自己，于是介子推就躲到介休县绵上的山里。

他的门客同情他，在宫门上挂了一个文书说明这件事。文公醒悟了，去找寻他，找不到；就放火烧山，想逼介子推出来，介子推却抱着树被烧死了。

文公就把绵上的地，封给介子推，算是表扬好人好事。

现在绵山的林木，远望去尽是黑色的，像火烧过一样；又有像人抱着树的形状。历年去介子推祠堂祭祀的，都很灵验。

大众哀悼他，在他死的那天，以不烧火作为纪念。用冷的煮醴当饭吃，故称为"寒食"，事实上就是清明前一天。

华夏民族居住区域逐渐流行，也就成了风俗。

但是麦粥本来就可以解暑，不一定就在寒食节吃。现在有人会做这种粥，所以我也把做法记录下来。

治釜令不渝①法

治釜令不渝法：常于谙信处②，买取最初铸者；铁精不渝，轻利易然。其渝黑难然者，皆是铁滓钝浊所致。

【译】调治铁锅不变色的方法：应当在信得过的地方，

---

① 渝：变易；这里专指变色。

② 谙信处：指向来熟识且信得过的地方。谙，熟识。

买用最初熔成的铁汁铸出的铁锅，这样的铁是铁中的精华，不会变色，分量轻且易于烧热。容易变黑而难烧热的，都是铁渣钝浊导致的。

治令不渝法

治令不渝法：以绳急束蒿，斩两头，令齐。著水釜中，以干牛屎燃釜。汤暖，以蒿三偏①净洗，抒却②。水干，然使热。

买肥猪肉，脂、合皮大如手者，三四段；以脂处处偏揩拭釜，察作声。复著水痛疏洗；视汁黑如墨，抒却，更脂拭疏洗。

如是十偏许，汁清无复黑，乃止。则不复渝。

煮杏酪、煮饧、煮地黄染，皆须先治釜；不尔，则黑恶。

【译】调治铁锅不变色的方法：用绳紧捆一些蒿草，将两头斩齐。在锅里放些水，用干牛屎点火把锅烧热。水热以后，用蒿草把锅洗涤三遍，倒掉水。水干之后，再烤热。

买肥猪肉，连肥肉带皮，像手掌大小的，需要三四块，用肥肉在锅里揩擦遍，让它"嚓嚓"地响。再加水，用力地洗刷，看看汁水像墨一样黑了，倒掉汁水，再用肥肉擦锅，再洗刷。

像这样反复十来遍，待水清了，不再变黑，才停止。以后铁锅就不会再变色。

---

① 偏：通"遍"。

② 抒却（què）：舀去；倾去。却，同"却"。

用煮杏酪、煮饧、煮地黄来染布，都要先调治铁锅；不然，布就会变色不好看。

醴 ①

煮醴法：与煮黑饧同。然须调其色泽，令汁味淳浓；赤色足者良。尤宜缓火，急则燋臭。

傅曰"小人之父甘若醴"，疑谓此，非醴酒也。

【译】煮醴的方法：与煮黑饧糖的方法一样。可是要注意把颜色调和好，让汁的味道够浓厚，颜色足够红的才好。一定要用慢火，如果火大，醴就会烧焦、发臭。

古书里说的"小人之父甘若醴"，怀疑指的是这种醴，不是醴酒。

杏酪粥

煮杏酪粥法：用宿穬麦②，其春种者，则不中。

预前一月事麦：折③令精，细簸，拣作五六等；必使别均调，勿令粗细相杂。——其人如胡豆者，粗细正得所。曝令极乾。

如上治釜讫，先煮一釜粗粥，然后净洗用之。

打取杏仁，以汤脱去黄皮，熟研。以水和之，绢滤取汁。——汁唯淳浓便美，水多则味薄。

用干牛粪燃火，先煮杏仁汁。数沸，上作狁脑皱，然后

① 醴：甜酒。

② 宿穬（kuàng）麦：越冬的穬麦。穬麦，指稻麦。

③ 折：折损，折耗。指春治使米精好。春治过程中有折损，故称为"折"。

下穬麦米。唯须缓火。以匕①徐徐搅之，勿令住。

煮令极熟，刚淖得所②，然后出之。

预前多买新瓦盆子，——容受二斗者——抒粥著盆子中，仰头勿盖。

粥色白如凝脂，米粒有类青玉。停至四月八日亦不动③。

渝釜，令粥黑；火急，则燋苦；旧盆，则不渗水；覆盖，则解离；其大盆盛者，数卷亦生水也。

【译】煮杏酪粥的方法：要用越冬的稻麦；春天播种的稻麦不适合用。

提前一个月，就要将麦子准备好："折"到精细，仔细簸过，依麦粒大小拣成五六个等级；必须使各等级里的颗粒都很均匀，不要粗的细的混杂在一起。——像胡豆大小的最适合用。晒到极干。

像上面所说的办法，将铁锅调治好，先煮一锅粗粥，然后再把锅洗净来用。

将杏核打开，取出杏仁，用热水泡着，脱掉黄皮，研细。加水下去和匀，用绢滤取汁。——汁越浓越好，水太多了，味道会淡薄。

用干牛粪点着火，先煮杏仁汁。等杏仁汁烧开几开，上面已经生出像猪脑般的皱纹时，再将大麦米下锅。一直用慢

① 匕：古代取食的器具，类似后代的汤匙。

② 刚淖得所：指粥煮到稀稠合适。刚，坚实。淖，湿、软烂。

③ 动：指变质。

火。用杓子慢慢搅和，不要停手。

煮到极熟，不太稠不太稀，刚刚合适，然后倒出来。

预先早准备，多买些新的瓦盆子——容量两斗的——把粥倒到盆子里，敞着不要加盖。

粥的颜色，白得像炼过并冷凝下来的脂膏，米粒像带青色的玉。放置到四月初八也不会变坏。

如果用变色的锅，粥是黑的；如果火太急，粥焦了会有苦味；如果用旧盆盛粥，水则渗不出去；如果盖上盖，就会融化；如果用大盆盛粥，卷过多次，也会分出水来。

飧饭

粟飧 ①

作粟飧法：舂米欲细而不碎。碎则浊而不美。舂讫即炊；经宿则涩。淘必宜净。十徧已上弥佳。

香浆 ② 和暖水，浸馈少时，以手挼无令有块。复小停，然后甑。

凡停馈，冬宜久，夏少时；盖以人意消息之。若不停馈，则饭坚也。

投飧时，先调浆令甜酢适口。下热饭于浆中，尖出便止。宜少时住，勿使挠搅，待其自解散，然后捞盛，飧便滑美。若下饭即挠，令饭涩。

【译】做粟飧的方法：米要舂得精细，但不要碎。碎了，做成的飧是混浊的，就不好了。舂过就炊；过一夜就要粗涩了。务必要淘洗干净。十遍以上最好。

香浆和上些热水，把馈浸泡一段时间，用手搓揉，不让它有团块，再停一会儿，然后装进甑。

停馈的时间，冬季要稍微长些，夏季要时间短；总要注意加减。如果不停馈，饭就太硬了。

---

① 飧（sūn）：水浇饭曰飧。

② 香浆：指乳酸和某些乳酸酯的芳香气。浆，是经过乳酸发酵的稀薄淀粉糊。

放飧饭时，先把浆调和到酸甜合口味。然后将热饭下到浆里面，让饭在浆面上冒出一点尖就够了。要稍微停上些时间，不要搅拌，等饭自然解散下去，再捞起来，盛进碗里。这样做出来的飧就嫩滑好吃。如果饭下了之后，随即搅拌，飧便会粗涩。

粟米

折粟米法：取香美好谷脱粟[1]米一石，勿令有碎杂。于木槽内，以汤淘，脚踏，泻去沈，更踏。如此十遍，隐约[2]有七斗米在，便止。漉出，曝干。

炊时，又净淘。下馈时，于大盆中多著冷水，必令冷彻米心。以手按馈，良久停之。折米坚实，必须弱炊故也[3]。不停则硬。

投饭调浆，一如上法。粒似青玉，滑而且美。又甚坚实，竟日不饥。弱炊作酪粥者，美于粳米。

【译】做折粟米的方法：将一石用上好的谷做成的"脱粟"，不要有杂米或碎粒。放在木槽里，用热水浸着淘洗，用脚踏，把混浊的水倒掉，再踏。像这样淘洗、踏到十遍，大致还剩有七斗米在，就停止，滤出来，晒干。

煮饭以前，将米再淘洗干净。把馈取出来的时候，要在

---

① 脱粟：刚刚脱掉外皮的谷粒。

② 隐约：大致。

③ 必须弱炊故也：指浸馈后再蒸。

大盆里多放些冷水，务必使米心都冷透。用手搓散，在水里停留时间一定要长。折米粒坚硬，必须要炊软。如果不在水里多停留些时间，饭就会太硬。

把饭下到浆里，调和浆的方式，都和上面的一样。饭粒像青玉一样，嫩滑而且美味。又很坚实，吃后一整天都不会饿。煮软做成酪粥，比粳米还要好。

寒食浆

作寒食浆法：以三月中，清明前，夜炊饭。鸡向鸣，下熟热饭于瓮中，以向满为限。数日后，便酢，中饭。

因家常炊次^①，三四日，辄以新炊饭一碗酘^②之。

每取浆，随多少即新汲冷水添之。讫夏，餐浆并不败而常满，所以为异。

以二升，得解水一升^③。水冷清俊，有殊于凡。

【译】做寒食浆的方法：在三月中旬，清明以前，夜里煮饭。鸡快叫时，把热熟饭下到坛子里，到将满为止。过几天，就酸了，可以使用了。

家里日常煮饭的时候，每三四天就顺便将一碗新蒸熟的饭加下去。

每次取浆的时候，每取出多少，就马上从井里汲些冷水

---

① 炊次：炊饭的时候。

② 酘：在这里指酿造过程中，新加入的熟饭。

③ 以二升，得解水一升：两升酸浆，可以兑一升水。

添下去补齐多少。直到夏天，做飧饭用的浆也不会坏，而且经常是满的，所以很特别。

每两升酸浆，可以兑一升水。得到的浆水冰冷而清新，和一般的不同。

令夏月饭瓮井口边无虫法

令夏月饭瓮井口边无虫法：清明节前二日，夜鸡鸣时，炊黍熟，取釜汤遍洗井口瓮边地，则无马蚿①，百虫不近井瓮矣。甚是神验。

【译】（略）

治旱稻赤米令饭白法

治旱稻赤米令饭白法：莫问冬夏，常以热汤浸米。一食久，然后以手挼之。

汤冷，泻去，即以冷水淘汰，挼，取白乃止。

饭色洁白，无异清流之米②。

又晒赤稻，一臼米里，著蒿叶一把、白盐一把，合晒之，即绝白。

【译】把旱稻和红米蒸成白饭的方法：不管冬季或夏季，总是用热水浸米。浸泡一顿饭的时间后，再用手搓。

水冷了，倒掉，就用冷水淘，搓，直到米白了为止。

这样，蒸出饭的颜色洁白，与水稻的米一样。

---

① 蚿（xián）：古书上的虫名，即马陆。一种节肢动物。像蜈蚣，较小，无毒。

② 清流之米：水稻。

又，舂红稻米时，一臼米里，加入一把蒿叶、一把白盐，混合着舂，米就会极白。

面饭

《食经》曰："作面饭法：用面五升，先干蒸，搅使冷，用水一升。留一升面，减水三合。以七合水，溲四升面，以手擘解。以饭一升面粉，粉干。下，稍切取，大如粟颗。讫，蒸熟，下著筛中，更蒸之。"

【译】《食经》上记载："做面饭的方法：用五升面，先干蒸一遍，搅拌到凉，用一升水。留一升面，减少三合水。就用七合水，和进四升面里，用手弄分散。放进剩下的一升面粉里吸干。拿下来，随便切成粟米大的颗粒。切完，蒸熟，放到筛里，再蒸。"

粳米糗糒^①

作粳米糗糒法：取粳米汰洒^②，作饭，曝令燥。捣细，磨。粗细作两种折^③。

【译】做粳米糗糒的方法：取粳米淘洗干净，蒸成饭，晒干。捣成细粉，再磨。粗、细分作两种，细的过筛，粗的再磨。

---

① 糒（bèi）：干粮。

② 汰洒：淘汰洗涤。

③ 折：这里是"磨"的意思。

粳米枣糒

粳米枣糒法：炊饭熟烂，曝令干，细筛。用枣蒸熟，迮取膏，溲糒。率：一升糒，用枣一升。

崔寔曰："五月多作糒，以供出入之粮"。

【译】做粳米枣糒的方法：把饭蒸熟，晒干，捣碎细筛。用红枣蒸熟，压出膏汁来，和进干饭粉里。比例是一升糒用一升枣。

崔寔《四民月令》上记载："五月多做些糒，可以供旅行时做食粮。"

菰米饭

菰米饭法：菰谷[1]，盛韦囊中，捣瓷器为屑，——勿令作末！——内韦囊中，令满。板上揉之，取米。一作，可用升半。

炊如稻米。

【译】做菰米饭的方法：取菰米，盛在熟皮口袋里。用瓷器舂碎，——但不要舂成粉末！——放在皮口袋里，要装满。在板上搓揉过，取得米。每做一次，可以用升半谷。

做饭，和稻米一样。

胡饭

胡饭法：以酢瓜菹，长切；将炙肥肉、生杂菜内饼中，急卷卷用。

---

[1] 菰谷：茭白的子实。其米称"菰米"。

两卷三截，还令相就，并六断。长不过二寸。别奠飘齑随之。细切胡芹，奠下酢中，为"飘①齑"。

《食次》曰："折米饭，生滫②，用冷水。用虽好，作甚难。蒯米饭③蒯者，背④洗米令净也……"

【译】做胡饭的方法：用酸瓜菹，直切成条；将炙肥肉、生杂菜，一并放进饼里面，快速卷成卷儿来备用。

取两卷，每卷切成三节，在盛器中相连码放，一共有六段。长都不超过两寸。另外盛些"漂齑"一起供上。将胡芹切碎，漂在醋上面，就是"漂齑"。

……

---

① 飘：同"漂"。

② 滫（xǐ）：同"淅"。

③ 蒯（kuǎi）米饭：疑此条不完整。蒯，即蒯草，多年生草本植物，生长在水边或阴湿的地方，茎可编席，亦可造纸。

④ 背：簸扬的口语。

素食

葱韭羹

《食次》曰："葱韭羹法：下油水中煮。葱、韭，五分切，沸，俱下。与胡芹、盐、豉、研米糁粒——大如粟米。

【译】《食次》中记载："做葱韭羹的方法：就是放到有油的水里煮。葱和韭菜，都切成五分长，水开了，一并下锅。加些胡芹、盐、豆豉、研成粟米大小的米糁。"

瓠羹

瓠羹：下油水中，煮极熟。瓠体横切，厚三分。沸而下。与盐、豉、胡芹。累奠之。

【译】做瓠羹的方法：放到有油的水里，煮到极熟。瓠子，要横着切，每片三分厚。汤开了再放下去。加盐、豆豉，胡芹。一片片重叠起来装盘上桌。

油豉

油豉：豉三合、油一升、酢五升，姜、橘皮、葱、胡芹、盐，合和蒸。

蒸熟。更以油五升，就气上洒之。

讫，即合甑覆泻瓮中。

【译】做油豉的方法：用三合豆豉、一升油、五升醋，加适量的姜、橘皮、葱、胡芹、盐，混合起来蒸。

蒸熟了，再用五升油，在水汽上的时候洒到甑里。

洒完，就整甑地倒入坛子里。

膏煎紫菜

膏煎紫菜：以燥菜下油中煎之，可食则止。擘葇如脯。

【译】做膏煎紫菜的方法：将干燥的紫菜，放在油里煎，直到可以食用就好了。撕开来装盘，像干肉一样。

薤白蒸

薤白蒸：秫米一石，熟舂昕，令米毛①不溲。

以豉三升②煮之，溜箕漉取汁。用沃米，令上谐③可走虾。

米释，漉出，停米豉中。夏可半日，冬可一日，出米。

葱、薤等寸切，令得一石许。胡芹寸切，令得一升许，油五升，合和蒸之。

可分为两甑蒸之。气馏，以豉汁五升洒之。

凡三过三洒，可经一炊久，三洒豉汁。半熟④，更以油五升洒之，即下。用热食。若不即食，重蒸取气出。

洒油之后，不得停灶上，则漏去油。重蒸不宜久，久亦漏油。

---

① 毛：疑作带糠不淘洗解释。

② 豉三升：疑用量偏少。

③ 谐：恰好。

④ 半熟：三洒豉汁，时间又一炊之久，等于复蒸了三次，肯定是熟透了，况且"半熟"的米也不能食用，故疑为"米熟"。

奠讫，以姜、椒末粉之，溲甑亦然^①。

【译】做薤白蒸的方法：用一石秫米，舂到很熟，让米自然成白色，不要淘洗。

取三升豆豉，煮成汁，用渐箕滤出汁来，用汁去浸泡秫米，米上的渐水液面的高度，应恰好可以让虾自由地游动。

秫米浸软了之后，滤出来，让米停留在豉汁里。夏季停半天，冬季停一天，再将米滤出来。

把葱、薤子等切成一寸长，要用一石左右。胡芹，也切成一寸长，要用一升。再加五升油，混合起来，蒸制。

可以分作两甑来蒸。汽馏之后，另将五升豉汁洒上。

一共汽馏三次，洒三次豉汁。总共用炊一甑饭久的时间，来洒这三次豉汁。米熟后，再用五升油洒上，就下甑。趁热食用。如果不是立即吃，吃之前，要重蒸到冒汽。

洒油以后，不要停在灶火上，否则漏掉了油。重蒸也不可以过太久，太久了也会漏油。

盛好之后，撒些姜、花椒粉末在上面，上甑时也一样。

酥托饭

酥托饭：托二斗、水一石、熬^②白米三升，令黄黑，合托三沸。绢漉取汁，澄清；以酥一升投中。无酥与油二升。

---

① 溲甑亦然：大概指溲饭上甑时也要加些姜、椒末。

② 熬：这里指炒。

酥托好一升"次檀托"，一名"托中价"^①。

【译】做酥托饭的方法：用两斗托、一石水、三升炒白米，白米要炒得发黄发黑，和在托里面，一并煮制开锅三次。用绢滤取汁，澄清后，加入一升酥油。没有酥油，就加入两升植物油。

酥托饭也叫"次檀托"，又叫"托中价"。

蜜姜

蜜姜：生姜一斤，净洗，刮去皮，算子^②切；不患长，大如细漆箸。以水二升，煮令沸，去沫。与蜜二升，煮，复令沸，更去沫。碗子盛，合汁减半^③奠；用箸，二人共。无生姜，用干姜；法如前，唯切欲极细。

【译】做蜜姜的方法：将一斤生姜洗干净，刮去皮，切成算筹般的方条；不怕长，大小像细的漆筷子。加两升水，煮开之后，去掉泡沫。加两升蜜，再煮开，撇掉泡沫。用小碗盛着，连同汁，不到半满，上桌。要另外用筷子夹，两人共用一双。没有生姜，可以用干姜；做法仍是一样，不过要切得极细。

---

① 一升"次檀托"，一名"托中价"：应为"一名'次檀托'，一名'托中价'，大概都是译音名。

② 算子：算筹。

③ 减半：不到半满，不是减去一半。

焦①瓜瓠

焦瓜瓠法：冬瓜、越瓜、瓠，用毛未脱者；毛脱即坚。汉瓜②，用极大饶肉者；皆削去皮，作方脔，广一寸、长三寸。

偏宜猪肉，肥羊肉亦佳。肉须别煮令熟，薄切。苏油③亦好。特宜菘菜。芜菁、肥葵、韭等，皆得；苏油宜大用苋菜。

细擘葱白，葱白欲得多于菜；无葱，薤白代之。浑豉、白盐、椒末。

先布菜于铜铛底，次肉，无肉，以苏油代之。次瓜、次瓠，次葱白、盐、豉、椒末。如是次第重布，向满为限。少下水，仅令相淹渍。焦令熟。

【译】做油焖瓜瓠的方法：冬瓜、越瓜、瓠，都选用还没有脱毛的；脱了毛的，瓜就变硬了。汉瓜，用大且多肉的。削去皮，切成块，一寸宽、三寸长。

加猪肉最好，肥羊肉也不错。肉需要另外煮熟，切成薄片。加酥油也行，最宜配上菘菜。芜菁、肥的葵、韭菜等都可以用；用酥油，可以多配一些苋菜。

把葱白撕碎，葱白要比菜多；没有葱，可以用薤白代

---

① 焦：用少量的水小火焖制，即"油焖"。

② 汉瓜：不详。

③ 苏油：酥；不是苏子油。

替。加上适量的整颗豆豉、白盐、花椒末。

先在铜锅底上铺上菜，再铺肉，没有肉，用酥油代替。再铺瓜，再铺瓠子，最后铺葱白，加适量的白盐、豆豉、花椒末。像这样层层铺着，到快满为止。少加点水，刚好浸食材。一直煮到熟。

焦汉瓜

又，焦汉瓜法：直以香酱、葱白、麻油焦之。勿下水亦好。

【译】又，做油焖汉瓜的方法：直接用香酱、葱白、麻油煮制。不加水也可以。

焦菌

焦菌法：菌一名"地鸡"。口未开、内外全白者，佳；其口开里黑者，臭不堪食。

其多取欲经冬者，收取，盐汁洗去土，蒸令气馏，下，著屋北阴干之。

当时随食者，取，即汤炸去腥气，擘破。先细切葱白，和麻油，苏亦好，熬令香。复多擘葱白，浑豉、盐、椒末与菌俱下，焦之。

宜肥羊肉；鸡、猪肉亦得。肉焦者，不须苏油。肉亦先熟煮苏切重重布之，如焦瓜瓠法，唯不著菜也。

炸：在热水中煮沸。

【译】做油焖菌的方法：菌子又名"地鸡"。选用没有开口、里外都是白色的菌才好；开了口，里面变黑色的，有臭气，不好吃。

如果大量收集，计划留着冬天食用的。收取之后，用盐水洗去泥土，蒸到水汽馏上之后，取下来，放在屋北面，阴干了收藏。

如采取后，当时就吃的，在采得后，用开水焯水，除掉腥气，撕破。要先将葱白切碎，和麻油，酥油也行，炒香。再多撕些葱白，加上适量的整粒豆豉、盐、花椒末，和菌子一起下到锅里煮制。

与肥羊肉一起吃最相宜；鸡肉猪肉也可以。和肉一并的，就不需要再加酥油。肉也是要先煮好，切成薄片；一层层地铺着，像做油焖瓜瓠的方法一样，不过不加菜。

炸：在热水中煮开。

焦瓜、瓠、菌，虽有肉、素两法；然此物多充素食，故附素条中。

【译】瓜瓠、菌，虽然都有加肉的与净素的两种做法；但一般都把它们当作素食，所以放在素食里面。

焦茄子

焦茄子法：用子①未成②者，子成则不好也。以竹刀、

---

① 子：种子。

② 成：成熟。

骨刀四破之。用铁则渝黑①，汤炸去腥气。细切葱白，熬油令香。苏弥好。香酱清，擘葱白，与茄子俱下。焦令熟，下椒、姜末。

【译】做油焖茄子的方法：选用种子没有成熟的茄子，种子成熟了的就不好了。用竹刀或骨刀破成四条，用铁刀切，茄子的切面会变成黑色。开水焯一下，去掉腥气。用切碎了的葱白，加油炒香，用酥油更好。加上香酱清，和撕碎了的葱白，与茄子一同下锅炒制熟。再加入适量的花椒和姜末。

① 黑：用铁刀切茄子，切面会变黑。

作菹、藏生菜法

葵、菘、芜菁、蜀芥咸菹

葵、菘、芜菁、蜀芥咸菹法：收菜时，即择取好者，菅、蒲束之。作盐水，令极咸，于盐水中洗菜，即内瓮中。若先用淡水洗者，菹烂。其洗菜盐水，澄取清者，泻著瓮中，令没菜把即止，不复调和。菹色仍青；以水洗去咸汁，煮为茹，与生菜不殊。

其芜菁、蜀芥二种，三日抒出之。粉黍米作粥清。捣麦䴲作末，绢筛。布菜一行，以䴲末薄坌①之，即下热粥清。重重如此，以满瓮为限。

其布菜法：每行必茎叶颠倒安之。旧盐汁，还泻瓮中。菹色黄而味美。

作淡菹法：用黍米粥清及麦䴲末，味亦胜。

【译】用葵、菘、芜菁、蜀芥做咸菹的方法：收菜的时候，就预先把较好些的拣出来，用蒲草或茅叶捆成把。做好很咸的盐水，在盐水里洗菜，洗完就放在坛子里。——如果先用淡水洗过的，菹会坏烂。洗过菜的盐水，澄清之后，把清的倒进菜坛子里，刚好把菜浸没就够了，不要搅和。这样做的菹，颜色仍旧是绿的；用水洗掉咸汁子，煮作菜来吃

---

① 坌（bèn）：尘埃。此处作动词，即撒上一层麦䴲粉。

时，和新鲜菜完全一样。

芜菁、蜀芥这两种菜，浸泡三天之后，就清理出来。把黍米舂成粉，煮成粥，澄出粥清。码好一层菜，就撒上一层麦莞粉末，再浇上一层热的粥清，像这样一层一层铺上去，一直到坛子满为止。

铺菜的的方法：每层中的菜茎和菜叶，要颠倒错开铺。原有的盐水，仍旧倒进坛子里，菹色黄，味道也很好。

做淡菹的方法：用黍米粥清和麦莞粉末，味道也好。

汤菹

作汤菹法：菘菜佳，芜菁亦得。

收好菜，择讫，即于热汤中炸出之。若菜已萎者，水洗，漉出，经宿生之，然后汤炸。炸讫，冷水中濯之[①]。盐、醋中，熬胡麻油著。香而且脆。

多作者，亦得至春不败。

【译】做汤菹的方法：用菘菜最好，芜菁也可以。

选取好的菜，择完，在热开水里烫一下取出来。如果菜已经萎了的，水洗净，滤出来，过一夜，让它们恢复新鲜，然后再烫。烫水后，在冷水里过一遍。放进盐、醋里，加一些熬过的芝麻油把菜放下去，菜既香又脆。

菹做得多的，可以留到春天，不会烂坏。

---

① 之：疑应为"入"。

釀菹 [①]

釀菹法：菹，菜也。一曰：菹不切曰"釀菹"。

用干蔓菁，正月中作。以热汤浸菜，令柔软。解辨，择治，净洗，沸汤炸，即出，于水中净洗。复作盐水暂度[②]，出著箔上。

经宿，菜色生好；粉黍米粥清，亦用绢筛麦麲末，浇菹布菜，如前法。然后[③]粥清不用大热；其汁才令相淹，不用过多，泥头七日便熟。

菹瓮以穰茹之，如酿酒法。

【译】做釀菹的方法：菹就是酸菜。又说：菹没有切断的称为"釀菹"。

用干蔓菁，在正月间做。用热水把干菜浸泡柔软。解开来，分辨挑选，择取，收拾干净。用开水烫一下，立即取出，在水里洗净。再把菜在盐水里浸一浸，取出来。摊在席箔上。

过一夜后，菜的颜色恢复了新鲜；将黍米粉煮成粥清，筛些麦麲粉末，铺上菜，浇上粥，做成菹，像前一条所说的方法一样。但浇在上面的粥清不要太热；汁液刚刚浸没菜就够了，不要太多，用泥封闭坛口，七天就熟了。

---

① 釀（niàng）菹：因本条菹法加入麦麲、粥清来腌酿，并用泥瓮、保温，"如酿酒法"，大概因此而称"釀菹"。

② 度：同"渡"。指在盐水中过一下。

③ 后：疑是"浇"字之误。

盛菹的坛子，用麦糠包裹，像酿酒的方法一样。

卒菹

作卒菹法：以酢浆煮葵菜，擘之，下酢，即成菹矣。

【译】做速成菹的方法：用酸浆煮葵菜，撕开，加醋，就成了酸菹。

藏生菜

藏生菜法：九月十月中，于墙南日阳中，掘作坑；深四五尺。得杂菜，种别布之，一行菜，一行土。去坎一尺许，便止；以穰厚覆之。得经冬。须即取，粲然与夏菜不殊。

【译】保存新鲜菜的方法：九月至十月中旬，在墙南边太阳可以晒到的阳处，掘一个四五尺深的坑。将各种菜一种一种地分别铺在坑里；一层菜，一层土。到距坑口有一尺光景时，便不再铺菜、盖土，只在最上一层土面上厚厚地盖上麦糠。这样处理的菜可以过冬天。食用时便去取出，与夏天的菜一样新鲜。

葵菹

《食经》："作葵菹法：择燥葵五斛，盐二斗、水五斗、大麦干饭四升，合濑①：案②葵一行，盐、饭一行，清水浇，满。七日，黄，便成矣。"

【译】《食经》所载："做葵菹的方法：挑出五斛

---

① 濑：在这里意为急流。

② 案：同"按"，指按实。

干燥了的葵，与两斗盐、五斗水、四升大麦干饭，合起来"瀱"，按实一层葵，加一层盐和饭，清水浇到满。过七天，黄了，就成了。"

菘咸菹

作菘咸菹法：水四斗、盐三升，搅之，令杀菜。又法：菘一行，女曲间之。

【译】做菘咸菹的方法：四斗水、三升盐，搅和，把菜淹没。另一种方法：一层菘菜，一层小曲，间隔着。

酢菹

作酢菹法：三石瓮。用米一斗，捣，搅取汁三升。煮滓作三升粥①。令内菜瓮中②，辄以生渍汁及粥灌之。

一宿，以青蒿、薤③白各一行，作麻沸汤④，浇之，便成。

【译】做酸菹的方法：取容量三石的坛子。用一斗米，捣碎，取得三升汁。把剩下的渣滓煮作三升粥，让它冷却。把菜放进坛子里，随即将生米汁和粥灌下去。

过一夜，用一半青蒿、一半薤子白，煮成"麻沸汤"浇上，就行了。

---

① 三升粥：一斗米捣碎加水取去三升汁后，剩下的米渣不止煮三升粥。疑为"三斗粥"。

② 令内菜瓮中：将菜装入坛子中。

③ 薤：蔬菜名。

④ 麻沸汤：刚刚有极小的气泡冒上的开水。

菹消

作菹消法：用羊肉二十斤、肥猪肉十斤，缕切之。菹二升、菹根五升、豉汁七升半、切葱头五升。

【译】做菹消的方法：用二十斤羊肉、十斤肥猪肉，切成丝。用两升菹、五升菹根、七升半豉汁、五升切碎的葱头，合起来炒。

蒲①菹

蒲菹：《诗义疏》曰："蒲，深蒲也；《周礼》以为菹。谓蒲始生，取其中心入地者——'蒻'——大如匕柄，正白；生敢之，甘脆。"又："煮以苦酒，受之，如食笋法，大美。今吴人以为菹，又以为酢。"

世人作葵菹不好，皆由葵大脆故也。菹菘，以社②前二十日种之；葵，社前三十日种之。使葵至藏，皆欲生花，乃佳耳。葵经十朝苦霜，乃采之。秫米为饭，令冷。取葵著瓮中，以向饭沃之。欲令色黄，煮小麦时时糤③之。

崔寔曰："九月，作葵菹。其岁温，即待十月。"

【译】蒲菹：《诗义疏》说："蒲是深蒲；《周礼》中说它可以做菹。即是说，蒲芽刚发生时，中心钻在地下的所谓'蒻'，有汤匙柄粗细，颜色正白，可以生吃，又甜又脆。"又："或者用醋煮熟，浸着，像吃笋一样，味道非常

---

① 蒲：香蒲。

② 社：秋社，立秋后的第五个"戊"日。

③ 糤（sè）：这里作动词用，在坛中撒些煮小麦作糁。

美。现在吴地的人用来做菹，也有做醋的。"

世人做葵菹做不好，都是由于葵太脆。做菹的菘，在秋社前二十天种；葵，要在秋社前三十天种。让葵到要收藏的时候，已经快要开花时，就刚好。葵要经过十天的严霜，然后采取。煮些糯米饭，摊冷。将葵放在瓮里，用糯米饭浇上。如果想菹色黄些，可以撒些煮小麦来作糁。

崔寔《四民月令》说："九月做葵菹。如果那年天气温暖，就等到十月。"

藏瓜

《食经》曰："藏瓜法：取白米一斗，鏂①中熬之，以作糜。下盐，使咸淡适口。调寒热。熟拭瓜，以投其中，密涂瓮。此蜀人方，美好。"

又法："取小瓜百枚、豉五升、盐三升。破，去瓜子，以盐布瓜片②中，次著瓮中，绵③其口。三日，豉气尽，可食之。"

【译】《食经》记载："藏瓜的方法：把一斗白米，在锅里煮成稀粥。加盐，让咸淡合于寻常口味。调和冷热到合适。把瓜抹净，投到粥里面。坛子口用泥涂密。这是蜀人藏瓜的方法，瓜味美好。"

另一种方法是："取一百枚小瓜、五升豆豉、三升

① 鏂（ōu）："鬲""历"，是一个带脚的锅。

② 片：这里作动词，即剖瓜。

③ 绵：这里作动词，即用丝绵封闭瓮口。

盐。将瓜破开，去掉瓜籽，把盐铺在切好的瓜里面，再放进坛子里。用丝绵封闭坛口。三天后，豆豉气味没有了，就可以吃了。"

藏越瓜

《食经》："藏越瓜法：糟一斗、盐三升，淹瓜三宿。出，以布拭之，复淹如此。凡瓜欲得完，慎勿伤，伤便烂。以布囊就取之，佳。豫章郡①人晚种越瓜，所以味亦异。"

【译】《食经》记载："藏越瓜的方法：一斗酒糟、三升盐、把瓜腌制三天三夜，取出来，用布擦过，再重复像这样腌制。所有腌瓜，都要完好的，千万不可让瓜有损伤，有损伤就烂了。最好用布袋包裹来取。豫章郡的人，越瓜种得晚，所以味道也很特别。"

藏梅瓜

《食经》："藏梅瓜法：先取霜下老白冬瓜，消去皮，取肉，方正薄切如手板②。细施灰，罗③瓜著上，复以灰覆之。煮杬④皮、乌梅⑤汁，著器中。细切瓜，令方三分、长二寸，熟炸之，以投梅汁。数日可食。以醋石榴子著中，并

① 豫章郡：豫章郡，郡名，在汉地南部，楚汉时期设置。治南昌县（在今江西省南昌市市区）。汉豫章郡治南昌，辖境大致同今江西省。

② 手板：古代官员们朝见皇帝时，手中拿着一片"板"，可以是玉、象牙、骨、竹、木……也称为"笏"。是预备随时记事用的。

③ 罗：罗列，指挨着摊布在灰上。

④ 杬（yuán）：古书上说的一种乔木，树皮煎汁可贮藏和腌制蔬菜、水果。

⑤ 乌梅：烟熏使干黑的青梅干。

佳也。"

【译】《食经》记载:"藏梅瓜的方法:先取经过霜的老白冬瓜,削掉皮,取瓜肉,方方正正地切成像'手板'一样的薄片。筛些细灰,把瓜铺在灰上,再用灰盖着。用杭皮和乌梅煮成浓汁,盛在容器里。把在灰中腌过的瓜,切成三分见方、两寸长的条,在开水里烫熟,放进梅汁里面。过几天后,就可以吃了。如果放些酸石榴子也很好。"

藏瓜

《食经》曰:"乐安①令徐肃藏瓜法:取越瓜细者,不操拭②,勿使近水。盐之令咸。十日许,出,拭之,小阴干熇③之,仍内著盆中,作和。"

法:以三升赤小豆、三升秫米,并炒之,令黄,合舂,以三斗好酒解之。以瓜投中,密涂,乃经年不败。

崔寔曰:"大暑后六日,可藏瓜。"

【译】《食经》记载:"乐安县县令徐肃藏瓜的方法:用细长条的越瓜,不要拿着擦拭,也不要接触水。加盐腌到咸。十天左右,取出来,擦净,阴干后,仍旧放回盆子里,作调和。

调和的方法:用三升赤小豆、三升糯米,都炒成黄色,

---

① 乐安:县名,汉置,故城在今山东省博兴县北。后又魏置,在今安徽省霍山县东。

② 不操拭:不拿着揩拭。

③ 熇(hè):烧。这里"小阴干熇之",似指阴干。

一起舂碎，用三斗好酒拌成稀浆，把瓜放进去，密闭，可以经过一年不坏。

崔寔《四民月令》说："大暑后六天，可以藏瓜。"

女曲

《食次》曰："女曲：秫稻米三斗，净淅，炊为饭，软炊。停令极冷，以曲范中，用手饼之。以青蒿上下奄之，置床上，如作麦曲法。三七二十一日，开看，遍有黄衣则止。三七日无衣，乃停。要须衣遍乃止。出，日中曝之，燥则用。"

【译】《食次》记载："做女曲的方法：用三斗秫稻米，洗干净，蒸成饭——要蒸软些。放到完全冷透。在曲模子里，用手做成曲饼。上下用青蒿盖住，放在架子上，像做麦曲的方法一样。经过二十一天，打开曲室查看，如果长满了黄衣，就好了；如果没有长满黄衣，便继续停放，一定要等到黄衣长满了才停止。黄衣长满后取出来，在太阳下晒干，干后就可以用了。"

酿瓜菹酒

酿瓜菹酒法：秫稻米一石，麦曲成剉隆隆①二斗，女曲成剉平一斗。

酿法：须消化②，复以五升米酘之。消化，复以五升米

---

① 隆隆：满满的。隆，是丰满。

② 须消化：等到全消化了。须，等待。

酘之。再酘，酒熟，则用，不迮出①。

瓜，盐揩，日中曝令皱；盐和，暴糟②中，停三宿，度
内女曲酒中，为佳。

【译】酿瓜菹酒的方法：用一石秫稻米，切碎了的麦曲
满满的两斗，切好了的女曲平平的一斗。

酿法：等米完全消化了，再酘下五升米的饭。加过两次
酘，酒熟了，就可以用，不要榨去糟。

瓜，先用盐擦过，在太阳下晒到发皱；再加入盐，放进
上好的酒糟里。经过三天三夜，取出转到女曲酒里面，就做
好了。

瓜菹

瓜菹法：採越瓜，刀子割，摘取，勿令伤皮。盐揩数
遍，日曝令皱。先取四月白酒糟，盐和，藏之。数日，又过
著大酒糟中，盐、蜜、女曲和糟，又藏泥③缸中。唯久佳。

又云：不入白酒糟亦得。

又云：大酒接出清，用醋。若一石，与盐三升、女曲三
升、蜜三升。女曲曝令燥，手拃④令解，浑用。女曲⑤者，麦
黄衣也。

---

① 不迮出：不加压榨，连着糟用。

② 暴糟：残留酒精含量较高的酒糟，而不是在酒糟中暴晒。

③ 泥：这里作动词，指用泥封。

④ 拃："迮""笮""榨"，加压力的意思。

⑤ 女曲：这里指明"女曲"就是"麦黄衣"，大概这里不用糯米女曲。

又云：瓜，净洗，令燥；盐揩之。以盐和酒糟，令有盐味，不须多。合藏之，密泥缸口。软而黄便可食。

大者六破，小者四破，五寸断之，广狭尽瓜之形。

又云：长四寸、广一寸。仰奠四片：瓜用小而直者，不可用贮①。

【译】做瓜菹的方法：取越瓜，刀割蒂后再摘，不要使瓜皮受伤。盐揩过几遍，在太阳里晒至发皱。先取些四月酿的白酒酒糟，和上盐，把瓜埋藏在酒糟里面。经过几天，再放到大酒糟里，用盐、蜜、女曲和在糟里。一并埋藏在缸里，用泥封闭坛口，越久越好。

又说：不必先放进白酒糟里也好。

又说：大曲做的酒，把清酒舀去，单用酒渣。一石酒渣，用三升盐、三升女曲、三升蜜。将女曲晒干，用手压碎，整个用。女曲就是麦黄衣。

又说：瓜洗干净，干燥，用盐擦过。将盐和在酒糟里面，——稍有盐味即可，不要多。混合保藏，用泥密封坛口。瓜变黄变软后就可以吃。

大的瓜，破作六条，小的瓜破作四条，每条再截成五寸长的段，但长短大小，仍要依瓜的形状来决定。

又说：切成四寸长、一寸宽。不盖盖、装四片上桌。瓜

① 贮：疑应为"喎（wāi）"字，因这里强调要用"小而直"的瓜。《齐民要术》卷二《种瓜》篇有"瓜短而喎"，即说瓜的形状短而喎曲。

要用小而直的，不要用短而喎曲的。

瓜芥菹

瓜芥菹：用冬瓜，切长三寸、广一寸、厚二分。芥子，少与胡芹子，合熟研，去滓，与好酢，盐之。下瓜，唯久益佳也。

【译】做瓜芥菹的方法：用冬瓜，切成三寸长、一寸宽、两分厚的片。芥子里面加少许胡芹子，合起来研熟，去掉渣，加些好醋、盐、豆豉。瓜放下去，愈久愈好。

汤菹

汤菹法：用少菘、芜菁，去根。暂经沸汤，及热与盐、酢。浑长者，依桮^①截；与酢，并和菜汁；不尔，太酢。满奠之。

【译】做汤菹的方法：用适量菘、芜菁，去掉根。在开水里稍微烫一下，趁热加盐、醋。整棵的长菜，依盛器切至大小合适；加醋，再加些菜汁；不然，就太酸了。盛满上桌。

笋紫菜菹

苦笋紫菜菹法：笋去皮，三寸断之，细缕切之。小者，手捉小头，刀削大头，唯细薄，随置水中。削讫，漉出。

细切紫菜，和之，与盐、酢、乳用，半奠。紫菜，冷水渍少久，自解。但洗时勿用汤，汤洗则失味矣。

【译】做苦笋紫菜菹的方法：笋去掉外面的硬皮，切成

---

① 桮（bēi）：古同"杯"，是古时对盘、盂的通称。

三寸长的横段，再细切成丝。小的笋，手把住尖端，用刀在大的一头，一片一片削下来，片切得要细要薄；切好随手放在水里。全部切完时滤出来。

把紫菜切细，和在里面，加些盐、醋，盛半份上桌。紫菜，用冷水浸泡一会儿，自然会软；洗的时候，不要用热水；如果用热水一烫，就失了原味。

竹菜①菹

竹菜菹法：菜生竹林下，似芹。科大而茎叶细，生极概。净洗，暂经沸汤，速出，下冷水中，即搦去水，细切。又胡芹、小蒜，亦暂经沸汤，细切，和之。与盐、醋，半奠。春用至四月。

【译】做竹菜菹的方法：竹菜，生在竹林下面，有些像芹。根颈部大，茎叶细小，生得很密。将竹菜洗净，在开水里烫一烫，立刻取出，放到冷水里过凉，把多余的水捏去，切细。另外用胡芹、小蒜，也在开水里烫过，切细，混和起来。加适量盐、醋，盛半份上桌。可以从春天一直用到四月。

蕺②菹

蕺菹法：蕺，去土、毛③、黑恶者，不洗。暂轻沸汤即

---

① 竹菜：主菜是竹林下生长的一种植物，普遍生长于中国南方潮湿的地方，有清热解毒的药效。

② 蕺（jí）：蕺菜。亦称"鱼腥草"，多年生草本植物，茎上有节，节上有须根，叶互生，结蒴果。茎和叶有腥味，全草入药。

③ 毛：蕺菜的须根。

出，多少与盐。一升^①，以暖米清潘汁^②净洗之，及暖即出，漉下盐、酢中。若不及热^③，则赤坏之。

又：汤撩^④葱白，即入冷水，漉出，置蕺中。并寸切用。

米^⑤若碗子奠，去蕺节。料理接奠，各在一边，令满。

【译】做蕺菜菹的方法：蕺菜，去掉毛和泥土，去掉黑色的、不好的部分，不用洗。在开水里烫一烫马上捞出，多少加些盐。一升菜，用暖的淘米泔水的清水洗净，趁暖取出滤出来，放进盐醋中，如不趁热，就发红且败坏了。

又一种方法：将适量葱白在开水里泡一下就捞出来，立即放入冷水，再滤出来，放在蕺菜里面。均切成一寸长食用。

如果用小碗上桌，要去除蕺节。处理好，让切断节的蕺菜相连着装碗，葱白与蕺菜各在一边，一定要盛满。

菘根榼^⑥菹

菘根^⑦榼菹法：菘净洗，偏体须长切，方如算子，长三寸许，束根，入沸汤，小停，出。及热与盐、酢。细缕切桔

---

① 一升：意思不明，疑有脱误。

② 暖米清潘汁：暖的米泔清汁。

③ 若不及热：不要在暖米泔汁中浸洗太久，否则会黄坏。

④ 撩：在汤中泡一下就捞出来。

⑤ 米：疑为"半"之误。

⑥ 榼（kē）：古代盛酒的小型器具。

⑦ 菘根：菘菜的叶柄。

皮和之，料理，半奠之。

【译】做菘根榼菹的方法：将菘菜洗干净，整棵直切，切得像筹码一样三寸多长的条，将根部扎起，放进开水里，烫一下，取出来。趁热加盐、醋。把橘皮切成细丝，和下去，摆盘，盛半份上桌。

熯[1]菹

熯菹法：净洗，缕切三寸长许；束为小把，大如筚篥[2]。暂经沸汤，速出之。及热与盐、酢，上加胡芹子与之。料理令直，满奠之。

【译】做熯菹的方法：将蔊菜洗干净，切成三寸左右长；扎成小把，大概像筚篥一样大。在开水中烫一小会儿，赶紧取出来，趁热加盐、醋，在上面加些胡芹子。整理平直，盛满盘上桌。

胡芹小蒜菹

胡芹小蒜菹法：并暂经小沸汤出，下冷水中，出之。胡芹细切，小蒜寸切，与盐、酢，分半奠，青、白各在一边。若不各在一边，不即入于水中，则黄坏。满奠。

【译】做胡芹小蒜菹的方法：将胡芹和小蒜都在开水中略烫一会儿取出，放进冷水里，再取出来。将胡芹切碎，小

① 熯（hàn）：蔊（hàn）菜之蔊。蔊菜为十字花科一年生草本植物，祛痰，止咳。用于慢性支气管炎。降压利尿，凉血止血。用于头晕脑涨，高血压病，小便热涩不利，尿血，崩中带下。不仅有药用价值，还可作为蔬菜食用。

② 筚（bì）篥（lì）：古代的一种管乐器。这里是说束成像筚篥竹管那样粗的小把。

蒜切成一寸长，加盐、醋，分开装，每份一样一半，青的、白的各占一边。如果不是各占一边，且不是烫过并立即放进冷水过凉，就会变黄变坏。盛满盘上桌。

菘根萝卜菹

菘根萝卜菹法：净洗，通体细切，长缕束为把，大如十张纸卷①，暂经沸汤即出。多与盐②。二升暖汤，合把手按之。

又，细缕切，暂经沸汤，与桔皮和，及暖与则黄坏③。料理，满奠。

煴菘④、葱、芜菁根，悉可用。

【译】做菘根萝卜菹的方法：将萝卜洗干净，尽可能长地细切，长条扎成把，把要像十张纸卷成的卷儿一样大小，在开水中烫一下取出来。多加些盐、醋。用两升温热水，整把地用手按下去。

又，将萝卜细缕切，在开水中烫一下，用些橘皮拌上，趁热加盐、醋，不然就会变黄变坏。摆好盘，盛满盘上桌。

萝卜、葱、芜菁根，都可以用。

紫菜菹

紫菜菹法：取紫菜，冷水渍令释，与葱、菹合盛，各在

---

① 十张纸卷：十张纸叠着或连起来做成的一个"卷"。

② 多与盐：此处疑脱"酢"，即"多与盐、酢"。

③ 及暖与则黄坏：是说不能在开水中下橘皮，否则泡得太久，会黄软不香。

④ 煴菘：萝卜。

一边。与盐、酢，满奠。

【译】做紫菜菹的方法：取些紫菜，在冷水里浸泡软；与葱、菹合起来盛，各自占一边。加适量盐、醋，盛满盘上桌。

蜜姜

蜜姜法：用生姜。净洗，削治。十月酒糟中藏之。泥头十日，熟。出，水洗，内蜜中，大者中解，小者浑用。竖奠四。

又云：卒作。削治，蜜中煮之，亦可用。

【译】做蜜姜的方法：用生姜。洗净，削皮，收拾好。用十月酿的酒所得糟来贮藏。坛子口用泥封住，十天就熟了。拿出来，用水洗净，放到蜜里面。大的，从中破开，小的整块用。竖着每四块盛盘上桌。

又说：如果想要快些做好并食用，就把生姜削皮处理好后，在蜜里煮熟，也可以用。

梅瓜

梅瓜法：用大冬瓜，去皮穰，算子细切，长三寸，粗细如斫饼，生布薄绞，去汁。即下杬①汁，令小暖，经缩漉出。

煮一升乌梅，与水二升。取一升余，出梅，令汁清澄。与蜜三升、杬汁三升、生桔二十枚去皮核取汁，复和之。合煮两沸，去上沫，清澄，令冷。

---

① 杬（yuán）：树名。

内瓜讫，与石榴酸者、悬钩子①、廉姜屑。石榴、悬钩，一杯可下十度。尝看，若不大涩，杬子汁至一升。

又云：乌梅渍汁淘莫②。石榴、悬钩，一莫不过五六。度熟，去粗皮。杬一升，与水三升，煮取升半，澄清。

【译】做梅瓜的方法：用大冬瓜，削掉皮，刳掉瓤，切成筹码形，三寸长，像饼条一样粗细，薄薄地铺在灰上，再绞掉汁。随即放进杬汁里，让它暖暖地，经过一夜，滤出来。

用一升乌梅，加上两升水，煮成汁。取一升多点儿的汁，把梅子滤出来，澄清汁。用三升蜜、三升杬皮汁、二十个新鲜橘子去掉皮和核，取得汁，一起和进梅汁里。合起来后，煮两开，把上面的泡沫撇掉，澄清，冷却。

把瓜放进梅子杬皮汁里之后，再加石榴（要酸的）、山莓、廉姜粉末。石榴和山莓，一"杯"可以用十回。尝尝看，如果不太涩，可以再加些石榴、山莓、杬皮汁至一升。

又说：浇些乌梅渍汁莫上去；石榴、山莓，一份不要超过五六件。估计熟了，把粗皮切去。一升杬皮，加三升水，煮至升半，澄清用。

梨菹

梨菹法：先作渍③。用小梨，瓶中水渍，泥头，自秋至

---

① 悬钩子：山莓。落叶乔木，果实为肉果，可食用。

② 淘莫：浇些乌梅渍汁莫上去。淘即"浇"。

③ 渍（lǎn）：通"滥"。指一种水渍水果密封发酵后的酸浆。

春。至科中，须亦可用。又云：一月日可用。将用，去皮，通体薄切，奠之。以梨渎汁投少蜜，令甜酢，以泥封之。

若卒作，切梨如上。五梨半用苦酒二升、汤二升，合和之，温令少热，下，盛。一奠五六片，汁沃上，至半，以籖^①置杯旁。夏停不过五日。

又云：卒作，煮枣亦可用之。

【译】做梨渎的方法：将梨先要做成"渎"。将小梨收在瓶里，用水浸着，用泥封口。从第一年秋天封好，要到第二年春天；在当年的冬天时，如果急用，也可以将就用了。也有说是只要经过一个月就可以用了。要用时，将梨去掉皮，整个地切成薄片；在梨渎汁里加些蜜，让它甜酸，将梨片放入，用泥封口。

如果要做速成的梨渎，把梨用上面所说的方式切好。五个梨，一半用两升醋、两升热水混合起来，加温到热热的，放下去煮，装盘上桌。另一半盛五六片梨，将汁浇在上面，到半满。把籖放在容器旁边即可。夏季可以保存五天以内。

又说：如果速成，煮枣也可以用。

木耳菹

木耳菹：取枣、桑、榆、柳树旁生，犹软湿者，干即不中用，柞木耳亦得。煮五沸，去腥汁，出，置冷水中，净洮。又著酢浆水中洗出，细缕切讫。胡荽、葱白，少

---

① 籖：同"籤"，一种小竹签，用来戳取梨片来吃。

著，取香而已。下豉汁、酱清及酢，调和适口。下姜、椒末。甚滑美。

【译】做木耳菹的方法：用生长在枣树、桑树、榆树、柳树上，还软且湿的木耳。干了的就不好用了。柞树上的木耳也可以。煮开五遍，把腥汁去掉，滤出来，放在冷水里面，淘洗干净。再放到酸浆水里洗，洗出后，切细碎。加胡荽，葱白，少放些，只取它的香气。放些豉汁、酱清和醋，调和到合口味。再搁些姜与花椒末，很嫩滑，很好吃。

蘜①菹

蘜菹法：《毛诗》曰：“薄言采芑②。”毛云：“菜也。”《诗义疏》曰：“蘜，似苦菜；茎青。摘去叶，白汁出，甘脆可食。亦可为茹。青州谓之‘芑’。西河、雁门③，蘜尤美；时人恋恋，不能出塞。”

【译】做蘜菹的方法：《毛诗》里说：“薄言采芑。”《毛传》说：“芑，菜也。”《诗义疏》说：“蘜，像苦菜，茎是绿的，把叶摘下，就有白汁流出来；很甜很脆，可以吃，也可以蒸来吃。青州称为‘芑’。西河、雁门两郡的蘜，最好；现在的人，到那里吃了之后，都恋恋不舍，不想再向北出长城（即品尝后流连忘返）。”

---

① 蘜（qǔ）：同“苣”。

② 芑（qǐ）：类似苦菜的一种草本植物，与蘜是一种植物。

③ 西河、雁门：后魏的两个郡，都在现在的山西省。

藏蕨

蕨：《尔雅》云："蕨，鳖。"郭璞注云："初生，无叶，可食。《广雅》曰'紫萁①'，非也。"《诗义疏》曰："蕨，山菜也。初生似蒜茎，紫黑色。二月中，高八九寸。老有叶，瀹为茹滑美如葵。"今陇西天水人，及此进而干收，秋冬尝之。又云："以进御。"

"三月中，其端散为三枝，枝有数叶，叶似青蒿，长粗坚强，不可食。周秦曰'蕨'；齐鲁曰'鳖'，亦谓'蕨'。"又浇之②。

《食经》曰："藏蕨法：先洗蕨，杷著器中。蕨一行，盐一行，薄粥沃之。一法：以薄灰淹之，一宿出，蟹眼汤瀹之。出，熇，内糟中。可至蕨时。"

"蕨菹：取蕨，暂轻汤出；小蒜亦然。令细切，与盐、酢。"又云："蒜，蕨，俱寸切之。"

【译】蕨：《尔雅》说："蕨就是鳖。"郭璞注解说："刚长出时，没有叶子，可以吃。《广雅》以为是'紫蕨'，是错误的。"《诗义疏》说："蕨，是山地野菜。刚长出时，像蒜茎，紫黑色。到二月中，有八九寸高时，就有叶了。把它烫过做菜吃，像葵一样，很滑嫩美味。"现在陇西天水的人，就在这时收取干藏，到秋冬去食用。又有的

---

① 紫萁（qí）："紫蕨"，一种草本植物，嫩叶可食，根茎供药用。

② 又浇之：此句在此处疑毫无意义。

说："用来进贡给皇帝吃。"

"三月中，末端散开成为三叉，每叉上有几片叶，叶像青蒿一样，长了、粗了、坚硬了，便不好吃了。关中人叫它为'蕨'，山东人叫它为'鳖'，也叫'蕨'。"

《食经》里记载："贮藏蕨的方法：先将蕨洗净，收到容器里，一层蕨，一层盐，用稀粥浇过。另一方法：将蕨薄薄地用灰腌着，过一夜取出来，用刚起小气泡儿的开水烫过。取出来，用火烤热，放进酒糟里，可以保藏到第二年新长出蕨的时候。"

"蕨菹：蕨，在开水里烫一小会儿，取出来；小蒜，同样处理。合起来切碎，加适量盐、醋。"又说："蕨和蒜，都切作一寸长。"

荇①

荇（字或作莕）。《尔雅》曰："莕②，接余；其叶，苻③。"郭璞注曰："丛生水中。叶圆，在茎端；长短随水深浅。江东菹食之。"

《毛诗·周南·国风》曰："参差荇菜，左右流之。"毛注云："接余也。"

---

① 荇（xìng）：荇菜。多年生草本植物，叶略呈圆形，浮在水面，根生水底，夏天开黄花；结椭圆形蒴果。全草可入药。

② 莕（xìng）：同"荇"。

③ 苻（fú）：多年生草本。茎细长，高一米许。叶片扁平，条状披针形。

《诗义疏》曰："接余，其叶白，茎紫赤[1]；正圆，径寸余，浮在水上。根在水底，茎与水深浅等，大如钗股，上青下白。以苦酒浸之为菹，脆美可按酒。其华为蒲黄色。"

【译】荇字也有写作"莕"的。《尔雅》里说："莕就是接余；它的叶称为荇。"郭璞注解说："莕丛生水中。叶圆形，在茎顶上；茎的长短，随水的深浅而变。江东用来做成菹吃。"

《毛诗·周南·国风》有记载："参差荇菜，左右流之。"毛公注解："接余。"

《诗义疏》说："接余，叶子白色，茎紫红色；叶圆形，直径一寸多，浮在水面上。根在水底下，茎长和水的深浅相等，有钗股粗细，上面青绿，下面白色。用醋浸来做菹吃，脆而且美，可以下酒，花是蒲黄色。"

---

[1] 其叶白，茎紫赤：疑应为"其茎白，叶紫赤"。

饧餔①

史游《急就篇》云："饊、饴、饧。"

《楚辞》曰："粔籹②、蜜饵，有餦餭。"餦餭③亦饧也。

柳下惠见饴曰："可以养老。"然则饴餔可以养老自幼，故录之也。

【译】史游《急就篇》载有："饊、饴、饧。"

《楚辞》里说："粔籹、蜜饵，有餦餭。"餦餭也就是饧。

柳下惠见到饴说："这可以养老人。"这就是说，饴与餔，可以养老育幼，所以也辑录在此。

煮白饧

煮白饧法：用白牙散蘗佳；其成饼者，则不中用。

用不渝釜。渝则饧黑。釜，必磨治令白净，勿使有腻气。釜上加甑，以防沸溢。

干蘗末五升，杀米一石。米必细晌，数十遍净淘，炊为饭，摊去热气。及暖，于盆中以蘗末和之，使均调。卧④于

---

① 餔（bǔ）：古同"哺"。指带米渣的饧适宜于小孩哺食，故称为"哺"。

② 粔（jù）籹（nǚ）：古代的一种食品。以蜜和米面，搓成细条，组之成束，扭作环形，用油煎熟，犹今之饊子。又称寒具、膏环。

③ 餦（zhāng）餭（huáng）：干的饴糖。

④ 卧：指封闭在坛中，保持相当高的温度，使糖化顺利进行。

酳瓮中。勿以手按！拨平而已。以被覆盆瓮，令暖；冬则穰茹。冬须竟日，夏即半日许，看米消减，离瓮①。作鱼眼沸汤以淋之；令糟上水深一尺许，乃上下水，洽讫。向②一食顷，便拔酳取汁煮之。

每沸，辄益两杓。尤宜缓火！火急则焦气。盆中汁③尽，量不复溢，便下甑。一人专以杓扬之，勿令住手！手住则饧黑。量熟止火。良久，向冷，然后出之。

用梁米、稷米者，饧如水精④色。

【译】煮白饧的方法：用白芽的散蘖最好；已经成饼的，便不能用了。

用不变色的铁锅（锅变色饧就会黑）。锅先磨刮干净洁白，不要让它有油腻。锅上罩一个甑，免得煮沸时满出来。

五升干蘖米末，可以消化一石米。米一定要仔细地舂十遍，淘净，蒸成饭。摊开，让热气发散掉一部分。趁温暖时，在盆中和上蘖末，让它们均匀调和。用有孔的坛子盛着保温。不要用手去按，只拨平就可以了。用被子盖在盆坛子上，保持温暖；冬天可以外加麦糠包裹。冬天需要一整天，夏天需要半天，发现饭的米粒减少了，饧下沉了的时候。将水煮到有大气泡冒上来，用这样的热水，浇在坛子里；让糖槽上有一尺多深

---

① 离瓮：指饧饭随着糖化的作用逐渐液化，而下沉离坛。

② 向：将近的意思。

③ 盆中汁：指拔出酳孔流到盆中的糖水。

④ 水精：古代把"水晶"写作"水精"。

的热水，然后将上面和下面的水搅和。搅好，等一顿饭工夫，把孔的塞子拔掉；将溶出的糖汁，煮浓缩。

每煮沸后，就添两杓。总要小火！火太大就会有焦臭的味道。盆里的糖汁全部流出，估量着不会再流出来时，下锅煮。一个人守着，专门拿杓子在锅里舀出来倒下去地搅着，不要停手！如果停手，饧就会变得焦黑。等到煮熟后，离火，时间久一些，快凉了，再倒出来即可。

用粱米、稷米做的饧，颜色像水晶一样。

黑饧

黑饧法：用青牙成饼蘖①。蘖末一斗，杀米一石。余法同前。

【译】做黑饧的方法：用绿芽的，已结成饼的麦蘖。一斗蘖末，可以消化一石米。其余方法，和前条一样。

琥珀饧

琥珀饧法：小饼如棊石，内外明彻，色如琥珀。用大麦蘖，末一斗，杀米一石。馀并同前法。

【译】做琥珀饧的方法：小饼小得和棋子一样，里外透明，颜色像琥珀一样。用大麦蘖，一斗蘖末，可以消化一石米。其余都和前条方法一样。

煮餔

煮餔法：用黑饧。蘖末一斗六升，杀米一石。卧煮如法。

---

① 青牙成饼蘖：芽已有叶绿素，根纠缠成片的小麦蘖。

但以蓬子^①押取汁，以匕匙纥纥搅之，不须扬。

【译】做煮餔的方法：用黑饧做。一斗六升蘗末，消化一石米。像做饧一样地保暖、糖化，煮成。

不过，压在蓬草上过滤取糖汁，在煮制时，用杓子要不断地搅动，而不是舀起来倒下去。

饴

《食经》："作饴法：取黍米一石，炊作黍^②，著盆中。蘗末一斗，搅和。一宿则得一斛五斗，煎成饴。"

崔寔曰："十月，先冰冻，作凉饧，煮暴饴"。

【译】《食经》记载："做饴的方法：将一石黍米，炊成饭放在盆里。和上一斗蘗末，搅匀。过一夜便得到一斛五斗糖水，煎浓成为饴。"

崔寔《四民月令》说："十月的时候，在结冻以前，做凉饧，煮暴饴。"

白茧糖

《食次》曰："白茧糖法：熟炊秫稻米饭，及热于杵臼净者，舂之为粢^③：须令极熟，勿令有米粒。干^④为饼：法，厚二分许。日曝小燥；刀直劙为长条，广二分。乃斜裁之，大如枣核，两头尖。更曝，令极燥。膏油煮之。熟，出，糖

---

① 蓬子：未详，据下文疑应为"蓬草"。

② 黍：饭的代称。

③ 粢（zī）：同"粢（zī）"，这里指用糯米饭做成的"糍粑"。

④ 干：赶面，也就是"擀面"。

聚圆之；一圆不过五六枚。"

又："支手索①糁，粗细如箭竿。日曝小燥，刀斜截大如枣核。煮，圆，如上法，圆大如桃核。半奠，不满之。"

【译】《食次》记载："做白茧糖的方法：把秫稻米蒸成饭，趁热在干净的杵臼里，舂成"糍粑"。糍粑要舂得极熟，里面不能有还没有舂化的米粒。擀成饼：按规矩，只要两分左右厚。在太阳下晒到稍微干些；用刀呈直线地切成长条，两分宽，再斜切成枣核大小且两头尖。再晒，晒到极干。用油炸，熟了，滤出来，在糖中滚成丸状，每次滚成五六个。"

又说："用手拉开糍粑，像箭竿一样粗细的条。太阳下晒到半干，用刀切成斜块，像枣核大小。炸，滚（做丸），都和上面所说的方法一样。每个丸大小像桃核一样的。盛盘半满上桌。

黄茧糖

黄茧糖：白秫米，精舂，不簸浙。以栀子渍米，取色。炊，舂为糁；糁加蜜。余一如白糁。作茧，煮，及奠，如前。

【译】黄茧糖：白秫米，精心地舂过，不要簸扬，也不淘洗，用栀子水浸泡糯米，染上色。蒸熟，舂成糍粑；糍粑里加些蜜。其余一切都与做白糍粑一样，做成茧，炸制，上桌的方法，与白茧糖一样。

---

① 索：指用手拉开来。